辽宁省战略性新兴领域

"十四五"高等教育教材体系建设项目系列教材

XINNENGYUAN CAILIAO YU
DASHUJU RENGONGZHINENG RONGHE
YINGYONG DAOLUN

新能源材料与大数据人工智能融合应用导论

陈廷伟　纪婉婷　宋宝燕 ◎主编

化学工业出版社

·北京·

内容简介

《新能源材料与大数据人工智能融合应用导论》深入探讨了新能源材料与大数据和人工智能的交叉应用。系统地介绍了新能源材料的定义与现状，详细阐述了如何利用大数据和人工智能技术进行新能源材料的数据采集、处理和分析，从而优化新能源材料研发流程。此外，本书还探讨了大数据和人工智能技术在新能源材料研发、生产和应用中的重要作用。

本书可以作为普通高等院校计算机、大数据、材料、能源等相关专业的教材，也可供新能源材料领域科研人员和企业技术人员参考阅读。

图书在版编目（CIP）数据

新能源材料与大数据人工智能融合应用导论 / 陈廷伟，纪婉婷，宋宝燕主编. -- 北京：化学工业出版社，2025. 8. --（辽宁省战略性新兴领域"十四五"高等教育教材体系建设项目系列教材）. -- ISBN 978-7-122 -48309-6

Ⅰ. TK01-39

中国国家版本馆 CIP 数据核字第 2025C4N792 号

责任编辑：林　媛　蔡洪伟　　　　　文字编辑：杨凤轩　师明远
责任校对：王鹏飞　　　　　　　　　装帧设计：王晓宇

出版发行：化学工业出版社
　　　　　（北京市东城区青年湖南街 13 号　邮政编码 100011）
印　　装：三河市君旺印务有限公司
787mm×1092mm　1/16　印张 8¼　字数 138 千字
2025 年 10 月北京第 1 版第 1 次印刷

购书咨询：010-64518888　　　　　售后服务：010-64518899
网　　址：http://www.cip.com.cn
凡购买本书，如有缺损质量问题，本社销售中心负责调换。

定　　价：36.00 元

大数据和人工智能是当前的研究热点，如何更好地理解和运用这两种技术，对特定领域海量数据进行处理和分析、得出结论并做出智能决策是目前科研人员面临的机遇与挑战。本书探索了大数据和人工智能在新能源材料背景下的应用，旨在提供新能源材料发现领域的最新进展、方法和应用的全面概述，特别强调大数据和人工智能技术在此领域的重要作用。

本书的主要目的是阐明大数据和人工智能技术在彻底改变发现新能源材料过程中的潜力。能源是一个至关重要的全球问题，开发高效、可持续和具有成本效益的新能源材料至关重要。传统的材料发现方法往往耗时、昂贵且范围有限。大数据和人工智能技术的最新进展为加速发现和优化新能源材料开辟了新的可能性。

本书深入研究大数据的各种方法和人工智能用于新能源材料发现的过程。它探索了如何使用大数据来收集、存储和分析各种来源的相关数据，如科学文献、数据库和实验结果。通过利用这些丰富的信息，研究人员可以从不同新能源材料的特性、行为和潜在应用获得有价值的见解。

此外，本书探索了人工智能算法在预测和设计新能源材料中的应用。通过在大型数据集上训练人工智能模型，研究人员可以开发准确的模型，模拟和预测新能源材料特性，识别特定应用的潜在候选者，并优化新能源材料组成。这不仅节省了时间和资源，而且考虑了更广泛的可能性，扩大了材料发现的范围。

本书的意义在于它有可能彻底改变新能源材料发现方式。通过利用大数据和人工智能技术的力量，研究人员可以加速具有增强性能的新能源材料的开发，如更高的储能容量、更高的效率和对环境更少的影响。这些进展有可能推动可再生能源、能源存储和其他关键领域取得重大进展，从而实现更可持续和更高效的能源格局。

本书还为新能源材料领域的高年级本科生提供了学习指引。它提供了新能源材料领域最新进展、方法和案例研究的全面概述，让读者跟上该领域的前沿研究。此外，它还提供了与采用大数据和人工智能技术相关的挑战和机遇的见解，帮助读者理解这个快速发展的领域的复杂性。

本书共分为 7 章。

新能源材料概述（第 1 章）：介绍了新能源材料的定义、分类、应用现状以及能源危机与新能源材料的需求。同时，还涉及新能源材料的基础知识，为后续的章节打下基础。

大数据与人工智能技术在新能源领域的应用（第 2 章）：探讨了大数据及其与新能源产业的相关性，以及人工智能技术及其在新能源产业的应用。

数据预处理（第 3 章）：介绍了几种重要的数据预处理技术，包括数据清洗方法、数据集成方法、数据转换方法和数据规约方法。

数据挖掘与信息安全（第 4 章）：介绍了新能源材料发现中数据挖掘技术概述、数据挖掘方法与算法以及数据安全。

人工智能（第 5 章）：介绍了人工智能技术概述，以及机器学习和深度学习等技术在新能源材料发现中的应用。

大数据和人工智能技术在能源领域的应用案例研究（第 6 章）：通过具体的案例研究，展示了大数据和人工智能技术在新能源材料发现中的应用。

新能源材料发现的挑战与展望（第 7 章）：总结了新能源材料发现的挑战，并展望未来的发展前景。

本书从基础概念入手，逐步深入到具体的技术和应用，最后进行案例研究和总结展望，旨在为读者提供一个全面而深入的了解新能源材料发现领域的视角。本书在新能源材料发现领域具有重大意义。通过探索大数据和人工智能技术的潜力，为加速新能源材料的发展提供了新的范式，推动其朝着更可持续和更高效的能源未来前进。

本书涉及的研究成果得到了众多科研机构的支持。在本书付梓之际，谨向他们表示衷心的感谢！

编者

2025 年 4 月

目录
CONTENTS

第1章

新能源材料概述

🎯 学习目标

(1) 掌握新能源材料的定义和分类。

(2) 了解新能源材料的应用现状。

(3) 理解能源危机和新能源材料发现的基础。

1.1 新能源材料的定义和分类

新能源材料是指能够提高新能源的利用效率和性能的材料，涉及新能源的产生、存储、转换和利用等各个环节。新能源材料是新能源技术发展的基础和关键，对于解决能源危机和环境问题、促进可持续发展具有重要意义。

新能源材料可以根据其本质和机理进行分类，主要包括以下四类。

(1) 光电材料。光电材料是利用光生伏打效应将太阳能转换为电能的光电半导体材料，它们可以将太阳能转化为电子，经过有效分离后直接转化为电能，或者用于还原反应转化为化学能。太阳能作为一种清洁的可再生能源，具有储量大、可长期使用等优点，在新能源的发展中占有重要地位。光电新能源材料主要有三类：无机化合物光电半导体，多用于光催化；有机聚合物光电半导体，多用于柔性穿戴设备供电；硅基光电半导体，多用于大规模光伏发电。

（2）热电材料。热电材料是利用热电效应将温差转换为电能的材料，它们可以将废热或低品位热能转化为电能，或者利用电能制冷或制热。热电材料可以实现热能和电能的直接互换，具有结构简单、无噪声、无污染等优点，在新能源的利用和节约中具有重要作用。热电新能源材料主要有两类：金属热电材料，多用于热电发电；半导体热电材料，多用于热电制冷。

（3）燃料电池材料。燃料电池材料是利用电化学反应将燃料的化学能转化为电能的材料，它们由正极（氧化剂电极）、负极（燃料电极）和电解质三部分组成。燃料电池工作时，氧化气送入正极，燃料送入负极，从而在电解质隔膜的两侧产生氢氧化反应和氧化反应，对外输出电能。燃料电池不经过热机过程，而是直接将燃料的化学能转化为电能，摆脱了卡诺循环的限制，因此具有高的能量转化效率。燃料电池若采用纯净的氢气作为燃料，反应产物仅为水，不会产生二氧化硫、氮氧化物等污染物，符合低碳经济的要求。燃料电池的类型很多，通常按照电解质的种类进行区分，包括碱性燃料电池（AFC）、磷酸燃料电池（PAFC）、熔融碳酸盐燃料电池（MCFC）、固体氧化物燃料电池（SOFC）以及质子交换膜燃料电池（PEMFC）等。

（4）锂电池材料。锂电池材料是利用电化学反应将锂离子在正极和负极之间进行嵌入和脱出的材料，它们由正极（锂化合物电极）、负极（碳基电极/锂金属/硅负极）、隔膜（聚合物膜）和电解质（有机溶液或固态材料）四部分组成。锂电池工作时，锂离子从负极脱出，通过隔膜迁移到正极，从而产生电流；充电时，锂离子从正极脱出，通过隔膜迁移到负极，从而储存能量。锂电池的反应物不是固定的，而是随着充放电过程而变化，因此具有高的能量密度、功率密度、循环寿命和安全性。锂电池若采用环保的材料，不会产生有害的废弃物，符合低碳经济的要求。锂电池的类型很多，通常按照电解质的形态进行区分，主要包括液态锂电池（LLB）、聚合物锂电池（PLB）以及固态锂电池（SLB）等。

1.2　新能源材料的主要应用现状

新能源材料是指能够有效利用可再生能源或提高能源利用效率的材料，它们在现代社会中发挥着重要的作用。无论是日常生活中的电动汽车、手机电池，还是深海深空探测，新能源材料都不可或缺。随着人类社会的不断发展，新能源材料也呈现出多样化和高性能化的发展趋势。本节将从光电材料、热电材料、燃料电池材料、锂电池材料四个方面，介绍新能源材料的主要应用领域和发展现状。

1.2.1　光电材料

光电材料是指能够将光能和电能相互转换的材料，它们在光伏发电、光催化、光电子器件等方面有着广泛的应用。目前，光电材料的发展主要集中在以下三方面。

（1）光伏发电。光伏发电是利用光电材料将太阳能转化为电能的技术，它是一种清洁、可再生的能源利用方式。目前，光伏发电的主流技术是基于硅的太阳能电池，它们占据了光伏行业 90% 的市场份额，具有生产技术成熟、光电转化效率高等优点。根据硅的结晶形态和掺杂方式的不同，硅基太阳能电池可以分为第一代、第二代和第三代三类。第一代硅基电池是指以晶体硅为基底的电池，包括 P 型/N 型电池，其中 N 型电池的转化效率高于 P 型电池，但总体光电效率一般。第二代硅基电池是指以非晶硅或微晶硅为基底的薄膜电池，它们的优点是制作工艺简单、成本低、适应性强，但缺点是光电效率较低、稳定性差。第三代硅基电池是指以新型半导体材料为基底的电池，例如染料敏化电池、量子点电池、钙钛矿电池等，它们的优点是光电效率高、成本低、可柔性加工，但缺点是稳定性差、寿命短，仍处于研发阶段。

（2）光催化。光催化是利用光电材料在光照下产生电子-空穴对，从而催化一些化学反应的过程，它是一种高效、环保的能源转化和利用方式。光催化的主要应用包括：光催化产氢、二氧化碳还原、固氮、生物质转化、光降解有机染料、有机光化学反应、光催化挥发性有机气体降解等。这些应用可以实现能源的储存、转化和利用，以及环境的净化和修复。目前，光催化的研究主要集中在光催化材料的设计和制备，以及光催化机理的探究，实际工业化应用仍较为少见。光催化的主要挑战是提高光催化材料的光吸收范围、光电转化效率和稳定性，以及降低光催化材料的成本和环境影响。

（3）光电子器件。光电子器件是指利用光电材料的光电效应或电光效应，实现光与电信号的转换、调制和处理的器件，它们在信息技术、通信技术、显示技术等方面有着重要的应用。目前，光电子器件的发展主要集中在以下两个方面：

① 柔性、可穿戴的微型电子器件。这类器件是指将光电转换器件和储能器件集成在柔性的衬底表面，形成自供能的系统，可以实现对人体或环境的监测、传感和交互。例如，染料敏化太阳能电池、超级电容器等电化学能源器件，它们具有半透明、柔性、轻薄等特点，可以作为智能眼镜、智能手表、智能衣服等产品的电源。

② 高性能、高集成的光电子芯片。这类器件是指利用光电材料的电光效应，实现光信号的产生、传输、调制和检测的芯片，可以实现高速、高容量、高效率的信息处理和通信。例如，硅基光电子芯片、石墨烯光电子芯片等新型光电子材料，它们具有高兼容性、高可靠性、低功耗等特点，可以作为光纤通信、光互联、光计算等技术的核心元件。

1.2.2 热电材料

热电材料是指能够将热能和电能相互转换的材料，它们在热电发电、热电制冷、热电传感等方面有着广泛的应用。目前，热电材料的发展主要集中在以下三个方面：

（1）热电发电。热电发电是利用热电材料的塞贝克效应，将温差转化为电压的技术，它是一种利用低品位热能的有效方式。热电发电的主要应用包括：余热回收、太阳能发电、生物质发电、无线传感器网络等。这些应用可以实现能源的节约、利用和管理，以及环境的监测和保护。目前，热电发电的研究主要集中在热电材料的性能优化和热电器件的结构设计，实际工业化应用仍较为有限。热电发电的主要挑战是提高热电材料的热电转换效率和稳定性，以及降低热电材料的成本和环境影响。

（2）热电制冷。热电制冷是利用热电材料的佩尔帖效应，将电能转化为温差的技术，它是一种无噪声、无污染的制冷方式。热电制冷的主要应用包括：电子设备的散热、食品和医药的冷藏、汽车和航空的空调等。这些应用可以实现温度的调节和控制，以及设备的性能和寿命的提升。目前，热电制冷的研究主要集中在热电材料的性能提升和热电器件的优化设计，实际工业化应用仍较为局限。热电制冷的主要挑战是提高热电材料的制冷效率和可靠性，以及降低热电材料的成本和体积。

（3）热电传感。热电传感是利用热电材料的塞贝克效应，将温度梯度转化为电压信号的技术，它是一种高灵敏、高精度、无需外部电源的温度测量方式。热电传感的主要应用包括：温度检测、火焰探测等。这些应用可以实现对温度的精确监测和控制，以及对热辐射的识别和分析。目前，热电传感的研究主要集中在热电材料的性能改进和热电器件的微型化，实际工业化应用已经较为广泛。热电传感的主要挑战是提高热电材料的灵敏度和响应速度，以及降低热电材料的温度漂移和长时使用引起的热噪声干扰。

1.2.3　燃料电池材料

燃料电池材料是指能够将化学能直接转化为电能的材料，它们在便携式电源、固定电源、交通动力电源等方面有着广泛的应用。目前，燃料电池材料的发展主要集中在以下三个方面。

（1）便携式电源。便携式电源是指能够为移动设备提供电能的电源，例如笔记本电脑、手机、收音机等。便携式电源的基本要求是高比能量、轻便小巧、无需充电等。燃料电池作为一种便携式电源，具有能量密度高、运行时间长、环境友好等优点，与可充电电池相比有较大的竞争力。目前，已有直接甲醇燃料电池（DMFC）和质子交换膜燃料电池（PEMFC）应用于军用单兵电源和移动充电装置上。燃料电池应用于便携式电源的主要技术问题是降低成本、提高稳定性和延长寿命。

（2）固定电源。固定电源是指能够为固定设备或场所提供电能的电源，例如紧急备用电源、不间断电源、偏远地区独立电站等。固定电源的基本要求是高可靠性、长寿命、低维护等。燃料电池作为一种固定电源，具有运行效率高、噪声低、适应性强等优点，与传统的铅酸电池相比有较大的优势。目前，燃料电池每年占据全球约 70% 的兆瓦级固定电源市场，主要应用于通信网络设备、物流和机场地勤的备用电源等。燃料电池应用于固定电源的主要技术问题是延长寿命（大于 80000 小时）和降低成本。

（3）交通动力电源。交通动力电源是指能够为交通工具提供动力的电源，例如汽车、火车、飞机等。交通动力电源的基本要求是高性能、低污染、高安全性等。燃料电池作为一种交通动力电源，具有尾气无污染、工作效率高、运行稳定等优点，被认为是内燃机的最佳替代动力。目前，以氢气为燃料的质子交换膜燃料电池（PEMFC）是最适合应用于汽车动力的燃料电池类型，已经有多个国家和汽车公司推出了燃料电池汽车的商业化方案。燃料电池应用于交通动力电源的主要技术问题是氢气的储存、运输和加注，以及提高燃料电池的耐久性和降低成本。

1.2.4 锂电池材料

锂电池材料是指能够将锂离子在正负极之间往复移动，从而实现充放电的材料，它们在消费电池、动力电池、大规模储能设备等方面有着广泛的应用。锂电池材料具有较高的能量密度和优良的循环性能，在未来可以推动全球清洁能源、可再生能源的有效利用。锂电池材料的主要类型包括锰酸锂、钴酸锂、三元材料和磷酸铁锂等锂金属氧化物，它们在不同的应用领域有着各自的优势和挑战。

（1）动力电池。动力电池是指能够为新能源汽车提供动力的电池，例如电动汽车、混合动力汽车等。动力电池的基本要求是高比能量、高安全性、长寿命等。锂电池作为一种动力电池，具有能量密度高、充放电效率高、环境友好等优点，是新能源汽车的主要供电系统。目前，以三元材料为正极材料的锂离子电池是最适合应用于汽车动力电源的锂电池类型，它们具有容量高、性能好、成本低等优点，是目前最有发展前景的动力电池。中国、俄罗斯、美国等全球大部分国家正在推行以锂离子电池为核心的动力电池，作为新能源汽车的主要供电系统，来实现汽车行业的"双减"目标。目前，在锂离子电池领域，国外发达国家掌握部分关键技术，日本在材料制备、电池结构设计等方面优势明显。同时，我国也攻克诸多核心技术，如磷酸铁锂正极材料产业化技术全球领先，在电池快充技术上也实现突破。

随着新能源汽车行业的兴起，2022年，全球的新能源汽车销售量突破1000万辆，预计到2030年全球新能源汽车保有量达2.3亿辆。我国的宁德时代新能源科技有限公司和比亚迪股份有限公司已成为全球汽车动力电池的主要供应商。据统计，2022年全球动力电池总装机量为517.9GW·h，宁德时代占有率达到37%，排名第一。锂电池应用于动力电池的主要技术问题是提高比能量、降低成本和保证安全性。

（2）消费电池。消费电池是指能够为便携式电子产品提供电能的电池，例如智能手机、智能手表、笔记本电脑和平板电脑等。消费电池的基本要求是轻薄小巧、高性能、长寿命等。锂电池作为一种消费电池，具有体积小、重量轻、充放电快等优点，是目前主流的便携式电子产品电源。目前，以钴酸锂为正极材料的锂离子电池是最适合应用于消费电池的锂电池类型，它们可以制造成扣式电池、方形电池、圆柱形电池和软包电池等，具有倍率性能强、工作电压高、压实密度高等优点。由于锂电池作为消费电池应用在以 3C 产品为主的便携式电子产品上，智能手机、智能手表、笔记本电脑和平板电脑等占据最大的消费电池市场。随着网络的普及率提高，由于 4G、5G 智能手机更替，电脑的在线学习与远程办公需求的常态化、新兴智能硬件设备的不断推出等因素的影响，2009 年到 2019 年全球的消费电子行业市场规模从 2450 亿元增长至 7150 亿元，预计到 2025 年将达到 9390 亿元。随着居民的生活消费水平的提高、健康理念的深入和安全意识的逐步提高，户外活动参与人数和应急救灾的需求增加。锂电池转向户外运动和应急救灾两类应用场景，并扩大了其作为便携式储能设备的市场空间。锂电池应用于消费电池的主要技术问题是提高容量、降低成本和保证安全性。

（3）大规模储能设备。大规模储能设备是指能够为国家电网提供储能或将可再生能源储存的设备，例如太阳能发电设备、风力发电设备等。大规模储能设备的基本要求是高稳定性、长寿命、低维护等。锂电池作为一种大规模储能设备，具有充放电效率高、响应速度快、寿命长等优点，是目前最适合应用于智能电网的储能方式。目前，以磷酸铁锂为正极材料的锂离子电池是最适合应用于大规模储能设备的锂电池类型，它们具有热稳定性高、成本低、环境友好等优点。锂电池作为大规模储能设备，可以对清洁能源的间歇供电和智能电网峰值供电进行调节，配合智能电网将不稳定的能源储存起来匹配不同时段和地区的供电需求。目前，锂电池已经被应用于太阳能发电设备、风力发电设备等可再生能源储存设备。锂电池应用于大规模储能设备的主要技术问题是提高能量密度、降低成本和保证安全性。

1.3　能源危机与新能源材料的需求

能源是人类社会发展的基础和动力，但是随着人口的增长和经济的发展，能源的需求也不断增加，而能源的供给却面临着严峻的挑战。目前，世界上主要的能源来源仍然是化石燃料，如煤、石油和天然气，这些能源不仅有限，而且会产生大量的温室气体，加剧全球变暖和气候变化的问题。根据 BP 公司发布的《世界能源统计年鉴2024》数据显示，2023 年，化石能源依然占据主导，全球石油、煤炭产量均达到创纪录的水平，分别达到 9600 万桶和 179EJ，而天然气需求保持稳定，仅增长 10 亿立方米。同时，电力和可再生能源增长率高于全球一次能源消费总量 25%，创下历史新高，这表明世界能源系统正在日益电气化。

能源危机不仅威胁着人类的生存和发展，也影响着国际的政治和经济的稳定。能源的供需不平衡导致能源价格的波动和竞争，引发了一系列的地缘政治冲突和战争。例如，中东地区的石油资源是世界上最丰富的，但中东地区也是最动荡的，多次发生了石油危机和武装冲突。另外，能源的消耗和排放也加剧了环境的恶化和生态的破坏，造成了水土流失、污染、灾害、物种灭绝等严重的后果，威胁着人类的健康和福祉。

新能源材料是能源科技的前沿领域，也是未来能源发展的重要方向。新能源材料的发展有利于解决能源危机，促进能源的可持续发展，保障能源的安全和稳定，提高能源的效率和质量，保护环境和生态，增进人类的福祉和幸福。然而，新能源材料的发展也面临着一些挑战和困难。

（1）材料的性能和稳定性。新能源材料要求具有高效、环保和经济的特点，但是这些特点往往是相互制约和矛盾的，如高效的材料往往成本高，环保的材料往往性能低，经济的材料往往稳定性差等。因此，如何平衡和优化这些特点，提高新能源材料的性能和稳定性，是一个重要的问题。

（2）材料的制备和加工。新能源材料要求具有特定的结构和组成，以实现特定的功能和用途，但是这些结构和组成往往是复杂和微观的，如纳米结构、多相结构、异质结构等。因此，如何制备和加工这些结构和组成，以及如何控制和调节这些结构和组成，是一个困难的问题。

（3）材料的集成和兼容。新能源材料要求能够与其他的材料或设备相结合，形成有效的能源系统，如太阳能电池板、燃料电池车、智能电网等。但是，这些材料或设备往往有不同的性质和要求，如电压、电流、温度、压力、尺寸、形状等。因此，如何集成和兼容这些材料或设备，以及如何解决可能出现的界面和耦合的问题，是一个挑战性问题。

1.4　新能源材料发现基础

1.4.1　性能指标

新能源材料的性能指标是评价新能源材料优劣和适用性的重要标准，也是指导新能源材料的设计和制备的重要依据。根据新能源材料的不同功能和应用，可以从以下几个方面来衡量其性能指标。

（1）能量转换效率。指新能源材料将一种能量形式转换为另一种能量形式的效率，如太阳能电池的光电转换效率、氢燃料电池的电化学转换效率、热电材料的热电转换效率等。能量转换效率反映了新能源材料的能源利用效率，能量转换效率越高，表明新能源材料的性能越好，能源损耗越小。

（2）能量储存密度。指新能源材料单位质量或单位体积能够储存的能量，如电池的比能量或比功率、超级电容器的比电容或比能量、电磁储能材料的磁能密度或磁化率等。能量储存密度反映了新能源材料的储能能力，能量储存密度越高，表明新能源材料的储能性能越强，能源供应越稳定。

（3）耐久性和稳定性。指新能源材料在长期使用或恶劣环境下的性能变化和损耗，如太阳能电池的老化、氢储存材料的循环寿命、核燃料材料的辐照损伤等。耐久性和稳定性反映了新能源材料的可靠性和耐用性，耐久性和稳定性越好，表明新能源材料的使用寿命越长，维护成本越低。

（4）安全性和环境友好性。指新能源材料在生产、使用和废弃过程中对人体健康和环境的影响，如电池材料的有毒物质、核能材料的放射性物质、生物质能材料的温室气体排放等。安全性和环境友好性反映了新能源材料的社会责任和可持续性，安全性和环境友好性越高，表明新能源材料的社会效益越好，对人类和自然的危害越小。

1.4.2 研究方式

发现一种性能优异的新能源材料是一个复杂而艰巨的过程。以锂电池为例，从 1960 年开始研究，到 1980 年 Goodenough 教授发现了钴酸锂（$LiCoO_2$）正极材料，并提出了电极脱嵌锂离子电极材料的电化学模型，再到 1991 年索尼公司推出了全球首款商用锂离子电池，历经了 30 多年的时间。而到目前为止，仅有 3 种正极材料（钴酸锂，磷酸铁锂，三元正极材料）被大规模商业化应用。这是因为，传统的材料研发方式过于依赖科学直觉和试错式的实践经验积累，而制备过程又漫长和不确定，导致了材料从研发到投入市场的时间跨度极长。

为了变革材料的研究与开发方式，提高材料从发现到应用的速度，世界各国都在积极探索新的材料研发模式。2011 年 6 月，美国启动了"材料基因组计划"（materials genome initiative，MGI），2014 年 12 月，美国总统直属的科学技术委员会颁布了升级版《材料基因组计划战略规划》。其核心内容是建立高通量材料计算方法、高通量材料实验方法和材料数据库，实施"新材料的发现从设计开始"的理念，注重在原子与分子层面上认识、设计和计算新材料，并通过数据库收集已有材料的结构与性能的相关性，指导新材料的设计和开发。其目的和意义在于：①通过高通量筛选新材料，加快材料的研发进程；②转变新材料研发范式，节省人力、物力；③加快人类对材料本质与规律的认识，再通过所认识的材料本质与规律指导新材料的设计、制备与检测等研发环节，从而进一步认识材料的本质与规律；④建造可靠的材料基因组数据库（新材料大数据），实现资源共享，加速新材料的发现和应用。2016 年 5 月，Nature 上发表了一篇利用实验废弃数据，通过机器学习和数据挖掘指导成功发现材料的封面文章，是对材料基因组技术应用有效性的最好诠释。

为了缩短新材料的"发现—研发—生产—应用"周期，降低材料研发中的人力、物力成本，实现新材料领域的跨越式发展，2016 年开始，我国首次将材料基因组工程与技术列入国家重点研发计划，其主要包括三个方面的研究：共性关键技术的研发，典型材料的应用和软、硬件平台建设。国内专家提出，中国版材料基因组计划必须围绕"加速应用"来开展。选择能源与环境材料、海洋工程材料、军用材料和生物医学材料等事关国家安全、能源安全和人民健康福祉等国家急需，又有一定基础的关键材料进行示范，尽快取得成果，为进一步推广普及到整个材料领域积累经验。其中，新能源材料领域有效利用材料基因组技术对指导、加速研发和应用意义重大。

材料基因组工程的目标是变革材料研发模式，实现按需设计，快速低耗创新发展新材料。材料基因组工程的发展需要从高通量制备表征方法、高通量仿真计算方法和人工智能赋能三个方面开展工作。

（1）高通量制备表征方法。利用先进的制备技术和表征手段，快速地制备和表征大量的材料样品，从中筛选出具有优异性能的材料。高通量制备表征方法与高通量仿真计算方法相互衔接，相互验证，共同推动新材料的发现。目前，高通量制备表征方法主要包括以下几种技术：

① 组合薄膜沉积技术：指利用物理或化学的方法，在同一基底上沉积不同组分的薄膜，形成组合薄膜芯片，通过空间坐标定位，实现对薄膜的组分、厚度、结构等参数的快速控制和表征。组合薄膜沉积技术适用于低维度材料的高通量制备表征，如催化剂、传感器、太阳能电池等。

② 多元扩散技术：指利用固态扩散的原理，将不同的金属或合金在高温下堆叠在一起，形成多元扩散体系，通过切割、抛光、腐蚀等后处理，实现对多元合金的组分、相、结构等参数的快速控制和表征。多元扩散技术适用于高维度材料的高通量制备表征，如高温合金、高熵合金等。

③ 喷印合成技术：指利用喷墨打印的原理，将不同的溶液或胶体在同一基底上喷印，形成多组分的混合物，通过热处理、光照、电解等后处理，实现对纳米材料的组分、形貌、结构等参数的快速控制和表征。喷印合成技术适用于纳米材料的高通量制备表征，如量子点、纳米线、纳米棒等。

④ 微反应器阵列技术：指利用微流控芯片的原理，将不同的反应物在微小的反应室内进行混合和反应，形成多组分的产物，通过光谱、电化学、质谱等在线检测手段，实现对有机材料的组分、结构、性能等参数的快速控制和表征。微反应器阵列技术适用于有机材料的高通量制备表征，如荧光染料、药物、聚合物等。

⑤ 激光增材技术：指利用激光束的原理，将不同的粉末或丝材在同一平台上进行熔化和固化，形成多组分的构件，通过断面分析、力学测试、热分析等离线检测手段，实现对金属、陶瓷、复合材料的组分、结构、性能等参数的快速控制和表征。激光增材技术适用于三维打印材料的高通量制备表征，如航空航天、医疗、汽车等领域的零部件。

（2）高通量仿真计算方法。基于量子力学的基本原理，以原子为基本单元，面向应用需求，利用已有或已知的材料结构、组分及物性等基本知识，结合大数据等信息化技术手段，自动进行智能化的材料设计与调控、物性计算与模拟，从而在短时间内进行大量材料的筛选与优化，为实验合成制备提供理论指导，加速新材料的发现、优化和应用。高通量仿真计算方法旨在探求材料结构、组分和物性之间的关联，建立起材料基因组数据库。高通量仿真计算方法主要包括以下几种技术：

① 第一性原理计算技术：指基于量子力学的基本原理，不依赖于任何实验参数，直接求解电子的运动方程，从而得到材料的结构、能带、电荷密度、电子态密度、声子谱、磁性、力学性质等基本物理量。第一性原理计算技术适用于材料的结构预测、物性预测、微观机理探索等，是高通量仿真计算方法的基础和核心。

② 分子动力学模拟技术：指基于经典力学的基本原理，利用经验势函数描述原子间的相互作用，通过数值求解牛顿运动方程，模拟材料的原子运动轨迹，从而得到材料的结构、热力学、动力学、输运等宏观物理量。分子动力学模拟技术适用于材料的相变、扩散、破坏、摩擦等过程的模拟和分析。

③ 蒙特卡罗模拟技术：指基于统计力学的基本原理，利用随机抽样的方法，模拟材料的原子或分子的随机跳跃或旋转，从而得到材料的结构、热力学、动力学、输运等宏观物理量。蒙特卡罗模拟技术适用于材料的平衡态、非平衡态、稳态、非稳态等性质的模拟和分析。

④ 机器学习技术：指基于人工智能的基本原理，利用数据挖掘的方法，从大量的实验数据或计算数据中提取出材料的特征参数，建立起材料的结构、组分和物性之间的数学模型，从而实现对材料的分类、回归、聚类、优化等任务。机器学习技术适用于材料的数据分析、数据预测、数据优化等，是高通量仿真计算方法的重要补充和发展。

（3）人工智能赋能。通过数据科学技术，深度挖掘高通量实验和高通量仿真计算数据信息，开创材料计算大数据科学方法。人工智能赋能的目的是融合材料科学和信息科学的先进性，通过海量数据存储、人工智能数据挖掘预测、互联网信息共享传播等技术手段，将材料研发推进到大数据时代。人工智能赋能的方法主要包括以下几种技术：

① 数据采集与存储技术：指利用各种传感器、仪器、设备等手段，收集和存储大量的材料实验数据或计算数据，形成材料数据集，为后续的数据分析和挖掘提供基础。数据采集与存储技术需要解决数据的质量、格式、标准、安全等问题，保证数据的可靠性、一致性、通用性、保密性等。

② 数据分析与挖掘技术：指利用统计学、机器学习、深度学习等方法，对材料数

据集进行处理和分析，提取出材料的特征参数，建立起材料的结构、组分和物性之间的数学模型，从而实现对材料的分类、回归、聚类、优化等任务。数据分析与挖掘技术需要解决数据的降维、归一化、正则化、稀疏性、非线性等问题，提高数据的有效性、准确性、鲁棒性、泛化性等。

③ 数据共享与传播技术：指利用互联网、云计算、区块链等手段，将材料数据集和材料数学模型进行共享和传播，实现材料数据的开放、协作、创新，为材料研发提供更多的资源和机会。数据共享与传播技术需要解决数据的版权、信用、激励、评价等问题，保证数据的公平性、诚信性、激励性、评价性等。

🎯 本章小结

新能源材料的发现和开发是解决当前世界能源危机和环境问题的有效途径之一。新能源材料不仅能够提供清洁、高效、可持续的能源，减少对化石能源的依赖和消耗，降低温室气体的排放，保护生态环境，而且能够推动经济和社会的创新和发展。新能源材料也是材料科学和技术的一个重要和活跃的研究领域，涉及多种类型和多个方向的材料体系。

通过本章学习，学生应掌握新能源材料的定义、分类、应用现状以及能源危机与新能源材料的需求等新能源材料相关的基础知识。

❓ 思考题

(1) 新能源材料是什么？

(2) 新能源材料包括哪些类型？

(3) 新能源材料在哪些领域有广泛应用？

(4) 新能源材料的发展前景如何？

(5) 新能源材料的发展面临哪些挑战？

(6) 如何推动新能源材料的研发和应用？

第 2 章

大数据与人工智能技术在新能源领域的应用

◎ 学习目标

(1) 掌握大数据技术的概念和应用领域。

(2) 理解大数据技术在新能源领域的应用及其影响。

(3) 掌握人工智能技术的概念和应用领域。

(4) 理解人工智能技术在新能源领域的应用及其影响。

2.1 大数据技术及其与新能源领域的相关性

现在的社会是一个信息化、数字化的社会，互联网、物联网和云计算技术的迅猛发展，使得数据充斥着整个世界。与此同时，数据也成为一种新的自然资源，亟待人们对其合理、高效、充分地利用，使之能够给人们的生活工作带来更大的效益和价值。在这种背景下，数据的数量不仅以指数形式递增，而且数据的结构越来越趋于复杂化，这就赋予了"大数据"不同于以往普通"数据"更深层的内涵。

2.1.1　大数据的概念和特征

大数据（big data）指无法在一定时间范围内用常规软件工具进行捕捉、管理和处理的数据集合，是具有更强的决策力、洞察发现力和流程优化能力的海量、高增长率和多样化的信息资产。大数据应用，就是对海量的文本、图像、音频和视频等数据进行采集、分析、加工和利用。

一般来说，大数据的主要特征包括：

① 数据海量。大数据的数据体量巨大，从 TB 级别跃升到 PB 级别（1PB＝1024TB）、EB 级别（1EB＝1024PB），甚至达到 ZB 级别（1ZB＝1024EB）。

② 数据类型多样。大数据的数据类型繁多，一般分为结构化数据和非结构化数据。相对于以往便于存储的以文本为主的结构化数据，非结构化数据越来越多，包括网络日志、音频、视频、图片、地理位置信息等，这些多类型的数据对数据的处理能力提出了更高要求。

③ 数据价值密度低。数据价值密度的高低与数据总量的大小成反比。以视频为例，一部 1 小时的视频，在连续不间断的监控中，有用数据可能仅有 1~2 秒。如何通过强大的机器算法更迅速地完成数据的价值"提纯"，成为目前大数据背景下亟待解决的难题。

④ 数据处理速度快：为了从海量的数据中快速挖掘数据价值，一般要求对不同类型的数据进行快速处理，这是大数据区分于传统数据挖掘的最显著特征。

大数据是具有体量大、结构多样、时效性强等特征的数据，处理大数据需要采用新型计算架构和智能算法等新技术。大数据从数据源到最终价值实现一般需要经过数据准备、数据存储与管理、数据分析和计算、数据治理和知识展现等过程，涉及数据模型、处理模型、计算理论以及与其相关的分布计算、分布存储平台技术、数据清洗和挖掘技术、流式计算和增量处理技术、数据质量控制等方面的研究。

2.1.2　大数据技术架构

大数据技术作为信息化时代的一项新兴技术，技术体系处在快速发展阶段，涉及数据的处理、管理、应用等多个方面。具体来说，技术架构是从技术视角研究和分析大数据的获取、管理、分布式处理和应用等。大数据的技术架构与具体实现的技术平台和框架息息相关，不同的技术平台决定了不同的技术架构。

从总体上说，大数据技术架构主要包含大数据获取技术、分布式数据处理技术和大数据管理技术，以及大数据应用和服务技术。

2.1.2.1 大数据获取技术

目前，大数据获取技术的研究主要集中在数据采集、整合和清洗三个方面。数据采集技术实现数据源的获取，然后通过整合和清理技术保证数据质量。数据整合技术是在数据采集和实体识别的基础上，实现数据到信息的高质量整合。数据清洗技术一般根据正确性条件和数据约束规则，清除不合理和错误的数据，对重要的信息进行修复，保证数据的完整性。

数据采集技术主要是通过分布式爬取、分布式高速高可靠性数据采集、高速全网数据映像技术，从网站上获取数据信息。除了网络中包含的内容之外，对于网络流量的采集可以使用 DPI（deep packet inspection，深度包检测技术）或 DFI（deep flow inspection，深度流检测技术）等带宽管理技术进行处理。

数据整合技术包括多源多模态信息集成模型、异构数据智能转换模型、异构数据集成的智能模式抽取和模式匹配算法、自动容错映射和转换模型及算法、整合信息的正确性验证方法、整合信息的可用性评估方法等。

数据清洗技术包括数据正确性语义模型、关联模型和数据约束规则、数据错误模型和错误识别学习框架、针对不同错误类型的自动检测和修复算法、错误检测与修复结果的评估模型和评估方法等。

2.1.2.2 分布式数据处理技术

分布式计算是随着分布式系统的发展而兴起的，其核心是将任务分解成许多小的部分，分配给多台计算机进行处理，通过并行工作的机制，达到节约整体计算时间、提高计算效率的目的。目前，主流的分布式计算系统有 Hadoop、Spark 和 Storm，如表 2.1 所示。

表 2.1　主流分布式计算系统

系统	Hadoop	Spark	Storm
定位	大数据分布式处理	快速内存计算框架	流式实时计算框架
优点	适用于海量数据处理,具有数据冗余机制,适合离线批量处理	内存计算速度快,适合迭代计算,支持多种语言,有广泛的应用场景	数据实时性好,结合数据流处理,支持多种语言,易于扩展
缺点	不支持流式数据处理,批量处理速度慢,部署和维护复杂	受限于内存大小,不适合处理大规模数据,不支持复杂数据类型	不适合离线批量处理,对容错要求高,需要手动处理数据冗余机制
应用场景	大规模离线数据分析、数据仓库等	迭代计算、实时计算、流式计算、机器学习等	实时流式计算,实时数据处理、消息推送等
案例	阿里巴巴的搜索日志处理、京东白条用户画像分析	京东的商品推荐、阿里巴巴的实时风控、B 站的视频推荐、网络游戏中道具/关卡/剧情/奖励等	中国移动、中国电信的实时计费,机场航班监测,奥运会直播视频流,在线广告效果,自然灾害预警等

Hadoop 常用于离线的复杂的大数据处理,Spark 常用于离线的快速的大数据处理,而 Storm 常用于在线的实时的大数据处理。大数据分析与挖掘技术主要指改进已有数据挖掘和机器学习技术;开发数据网络挖掘、特异群组挖掘、图挖掘等新型数据挖掘技术;创新基于对象的数据连接、相似性连接等大数据融合技术;突破用户兴趣分析、网络行为分析、情感语义分析等面向领域的大数据挖掘技术。

2.1.2.3　大数据管理技术

大数据管理技术主要集中在大数据存储、大数据协同和安全隐私等方面。

大数据存储技术主要包括:①采用 MPP (massively parallel processing,大规模并行处理) 架构的新型数据库集群,通过列存储、粗粒度索引等多项大数据处理技术和高效的分布式计算模式,实现大数据存储;②围绕 Hadoop 衍生出相关的大数据技术,应对传统关系型数据库较难处理的数据和场景,通过扩展和封装 Hadoop 来实现对大数据存储、分析的支撑;③基于集成的服务器、存储设备、操作系统、数据库管理系统,实现具有良好的稳定性、扩展性的大数据一体机。

大数据中心的协同管理技术是大数据研究的另一个重要方向。通过分布式工作流引擎实现工作流调度、负载均衡,整合多个数据中心的存储和计算资源,从而为构建大数据服务平台提供支撑。

大数据隐私性技术的研究，主要集中于新型数据发布技术，尝试在尽可能少损失数据信息的同时最大化地隐藏用户隐私。在数据信息量和隐私之间是有矛盾的，目前没有非常好的解决办法。

2.1.2.4 大数据应用和服务技术

大数据应用和服务技术主要包含分析应用技术和可视化技术。

大数据分析应用主要是面向业务的分析应用。在分布式海量数据分析和挖掘的基础上，大数据分析应用技术以业务需求为驱动，面向不同类型的业务需求开展专题数据分析，为用户提供高可用、高易用的数据分析服务。

可视化通过交互式视觉表现的方式来帮助人们探索和理解复杂的数据。大数据的可视化技术主要集中在文本可视化技术、网络（图）可视化技术、时空数据可视化技术、多维数据可视化技术和交互可视化技术等。在技术方面，主要关注原位交互分析、数据表不确定性量化和面向领域的可视化工具。

2.1.3 大数据技术应用领域

大数据像水、矿石、石油一样，正在成为新的资源和社会生产要素，从数据资源中挖掘潜在的价值，成为当前大数据时代研究的热点。快速对数量巨大、来源分散、格式多样的数据进行采集、存储和关联分析，从中发现新知识、创造新价值、提升新能力的新一代信息技术和服务业态，是其应用价值的重要体现。

（1）在互联网行业，网络的广泛应用和社交网络已深入到社会工作、生活的方方面面，海量数据的产生、应用和服务一体化。每个人都是数据的生产者、使用者和受益者。从大量的数据中挖掘用户行为，反向传输到业务领域，支持更准确的社会营销和广告，可增加业务收入，促进业务发展。同时，随着数据的大量生成、分析和应用，数据本身已成为可以交易的资产，大数据交易和数据资产化成为当前具有价值的领域和方向。

（2）在政府的公共数据领域，结合大数据的采集、治理和集成，将各个部门搜集的信息进行剖析和共享，能够发现管理上的纰漏，提高执法水平，增进财税增收和加大市场监管程度，大大改变政府管理模式、节省政府投资、增强市场管理，提高社会治理水平、城市管理能力和对人民群众的服务能力。

（3）在金融领域，大数据征信是重要的应用领域。通过大数据的分析和画像，能够实现个人信用和金融服务的结合，从而服务于金融领域的信任管理、风控管理、借贷服务等，为金融业务提供有效支撑。

（4）在工业领域，结合海量的数据分析，能够为工业生产过程提供准确的指导，如在航运大数据领域，能够使用大数据对将来航路的国际贸易货量进行预测分析，预知各个口岸的热度；能够利用天气数据对航路受到的影响进行分析，提供相关业务的预警、航线的调整和资源的优化调配方案，避免不必要的亏损。

（5）在社会民生领域，大数据的分析应用能够更好地为民生服务。以疾病预测为例，基于大数据的积累和智能分析，能够透视人们搜索"流感、肝炎、肺结核和胃病"的时间和地点分布，结合气温变化、环境指数、人口流动等因素建立预测模型，能够为公共卫生治理人员提供多种传染病的趋势预测，帮助其提早进行预防部署。

2.1.4　大数据技术在新能源领域的应用及其影响

随着全球能源消耗的不断增加和环境问题的日益严重，新能源的研究与开发变得尤为重要。而在这个信息时代，大数据技术的出现为新能源领域带来了巨大的推动作用。

2.1.4.1　大数据技术在新能源资源评估中的应用

新能源资源的评估是新能源研究的基础，而大数据技术能够提供海量的数据和分析方法，为新能源资源评估提供了更加准确和全面的数据支持。例如，利用大数据技术可以对全球范围内的太阳辐射、风能、水能等新能源资源进行实时监测和分析，从而为新能源的选址和规划提供科学依据。此外，大数据技术还可以通过对历史数据和实时数据的分析，预测未来新能源资源的变化趋势，为新能源的开发和利用提供决策支持。

2.1.4.2　大数据技术在新能源生产中的应用

新能源的生产过程中需要大量的监测和控制，而大数据技术能够实现对生产过程的实时监测和数据分析，为新能源的生产提供更高效和可靠的支持。例如，在太阳能发电领域，利用大数据技术可以对光伏组件的性能进行实时监测和分析，及时发现组件故障和性能下降的问题，从而提高太阳能发电系统的稳定性和效率。在风电场中，使用大数据技术可以实现风况数据的实时监测，掌握风场的状态和变化情况，从而提高风电场的发电效率。此外，大数据技术还可以通过对生产数据的分析，搭建智能化生产系统，优化生产过程，提高新能源的产量和质量。例如，在太阳能电池板生产中，利用大数据技术可以实现数据的实时监测和处理，根据数据进行质量控制和生产调整，从而提升效率、降低成本、提高生产质量。

2.1.4.3 大数据技术在新能源消费中的应用

新能源的消费过程中需要对新能源的使用情况进行监测和管理，而大数据技术能够实现对新能源消费的实时监测和数据分析，为新能源的消费提供更加智能和高效的支持。例如，在智能电网中，利用大数据技术可以对用户的能源消费进行实时监测和分析，根据用户的需求和能源供应情况，实现能源的智能调度和优化，提高能源的利用效率和供应可靠性。此外，大数据技术还可以通过对能源消费数据的分析，为用户提供个性化的能源管理服务，帮助用户实现节能减排和能源成本的降低。

2.1.4.4 大数据技术在新能源研究中的应用

新能源的研究需要大量的数据支持和分析方法，而大数据技术能够为新能源研究提供海量的数据和高效的分析工具。例如，在新能源材料研究领域，利用大数据技术可以对材料的性能和结构进行高通量的计算和模拟，从而加速新能源材料的研发过程。此外，大数据技术还可以通过对文献和专利数据的分析，发现新能源研究的热点和趋势，为新能源研究的方向和重点提供指导。

因此，大数据技术在新能源研究与开发中发挥着重要的推动作用。通过对新能源资源评估、生产、消费和研究的数据进行采集、分析和应用，大数据技术能够提高新能源设施的选址和规划的准确性和全面性，提高新能源的生产效率和质量，实现新能源的智能调度和优化，加速新能源材料的研发过程，为新能源研究和应用提供科学依据和决策支持。因此，大数据技术的不断发展和应用将进一步推动新能源的研究与开发，为人类可持续发展提供更加可靠和清洁的能源解决方案。

2.2　人工智能技术及其在新能源领域的应用

人工智能是研究和开发用于模拟、延伸和扩展人类智能的理论、方法、技术及应用系统的一门技术科学。这一概念自 1956 年被提出后，已历经半个多世纪的发展和演变。进入 21 世纪，随着大数据、高性能计算和深度学习技术的快速迭代和进步，人工智能进入新一轮的发展热潮，其强大的赋能性对经济发展、社会进步、国际政治经济格局等产生了重大且深远的影响，已成为新一轮科技革命和产业变革的重要驱动力量。

2.2.1　人工智能的概念和特征

人工智能是一门结合数学、计算机、心理学等许多学科理论发展起来的新技术，也是研究、开发用于模拟、延伸和扩展人的智能的理论、方法、技术及应用系统的一门新的技术科学。

人工智能具有以下五个特点：一是从人工知识表达到大数据驱动的知识学习技术；二是从分类型处理的多媒体数据转向跨媒体的认知、学习、推理，这里讲的"媒体"不是新闻媒体，而是界面或者环境；三是从追求智能机器到高水平的人机、脑机相互协同和融合；四是从聚焦个体智能到基于互联网和大数据的群体智能，它可以把很多人的智能集聚融合起来变成群体智能；五是从拟人化的机器人转向更加广阔的智能自主系统，比如智能工厂、智能无人机系统等。

人工智能的基本方法包括机器学习、深度学习、自然语言处理、计算机视觉和人工智能芯片等。机器学习是一种让计算机从数据中学习的技术，包括监督学习、无监督学习和强化学习等。深度学习是一种基于构建深层神经网络模型的方法，通过学习层次化的特征表示来解决复杂的模式识别和决策问题。自然语言处理是研究计算机与人类自然语言之间交互和理解的领域，涉及文本分析、语义理解、机器翻译等任务。计算机视觉是通过对图像和视频数据进行分析和理解，实现场景理解、目标检测和图像识别等任务的方法。人工智能芯片是专门设计和优化的用于人工智能计算的硬件，具备高效的并行计算能力，加速机器学习和深度学习任务的执行。

2.2.2 人工智能技术

人工智能的关键技术主要涉及机器学习、深度学习等技术，随着人工智能应用的深入，越来越多新兴的技术也在快速发展中。

2.2.2.1 机器学习

机器学习（machine learning）是人工智能的一个分支领域，它的目标是让计算机能够从数据中学习，而无需明确地进行编程，它通过使用各种算法和统计模型来分析数据，并从中学习和发现模式，从而能够做出预测和决策。机器学习可以分为监督学习、无监督学习和强化学习三类。其中，监督学习是指让计算机从已有的标记数据中学习，无监督学习是指让计算机从未标记的数据中发现规律，而强化学习是让计算机通过试错学习来达到特定的目标。

机器学习模型是以统计为基础的，而且应该将其与常规分析进行对比以明确其价值增量。它们往往比基于人类假设和回归分析的传统"手工"分析模型更准确，但也更复杂和难以解释。相比于传统的统计分析，自动化机器学习模型更容易创建，而且能够揭示更多的数据细节。

2.2.2.2 深度学习

深度学习（deep learning）是机器学习的一种特殊形式，计算机利用神经网络模拟人脑的神经元进行学习。深度学习是通过多等级的特征和变量来预测结果的神经网络模型，得益于当前计算机架构更快的处理速度，这类模型有能力应对成千上万个特征。与早期的统计分析形式不同，深度学习模型中的每个特征通常对于人类观察者而言意义不大，使得该模型的使用难度很大且难以解释。深度学习模型使用一种称为反向传播的技术，通过模型进行预测或对输出进行分类。深度学习可以自动提取数据中的特征，并根据特征进行分类、回归等任务。目前，深度学习已经成为人工智能技术中最为重要的技术之一，它在图像、语音、自然语言处理等领域中取得了很好的效果。深度学习可以分为卷积神经网络、循环神经网络、生成对抗网络、大规模语言模型四类。

① 卷积神经网络（convolutional neural networks，CNN）：CNN 是一种专门用于处理图像和视觉数据的深度学习模型。它通过卷积和池化等操作来提取图像中的特征，并在图像分类、目标检测和图像分割等任务中表现出色。

② 循环神经网络（recurrent neural networks，RNN）：RNN 是一种能够处理序列数据的深度学习模型。它通过在网络中引入循环连接来捕捉序列数据的上下文信息，广泛应用于自然语言处理、语音识别和时间序列分析等领域。

③ 生成对抗网络（generative adversarial networks，GAN）：GAN 是一种由生成器和判别器组成的对抗性模型。生成器试图生成逼真的数据样本，而判别器则尝试区分真实样本和生成样本。GAN 在图像生成、图像增强和生成式模型等任务中取得了显著的成果。

④ 大规模语言模型：大规模语言模型是近年来深度学习领域的重要突破之一。它们利用深度神经网络来学习大量的语言数据，并能够生成具有语法和语义合理性的文本。这些模型不仅可以用于自然语言处理任务，如文本生成、机器翻译、文本摘要等，还可以用于生成对话系统和智能助手等应用。一些著名的大规模语言模型包括 OpenAI 的 GPT 系列（如 GPT-4）和 Google 的 BERT 模型。

这些模型和技术在深度学习领域发挥了巨大的作用，并在各自的领域取得了重大的突破和进展。它们为解决图像处理、自然语言处理、生成模型等问题提供了强有力的工具和方法。

2.2.2.3　自然语言处理

自然语言处理（natural language processing，NLP）是指让计算机能够理解和处理自然语言。自然语言是人类交流的一种基本形式，但是它对于计算机来说是非常困难的。自然语言处理技术可以帮助计算机理解人类语言，进行文本分类、语义分析、机器翻译、语音识别等任务。

2.2.2.4　计算机视觉

计算机视觉（computer vision）是指让计算机能够理解和分析图像或视频。计算机视觉技术可以识别图像中的物体、人脸、场景等信息，实现图像检索、人脸识别、目标跟踪、自动驾驶等任务。计算机视觉技术也是现代人工智能技术中的重要组成部分之一。

2.2.2.5 人工智能芯片

人工智能芯片是专门为人工智能应用设计的芯片。相较于传统的 CPU 或 GPU，人工智能芯片具有更高的计算效率和更低的能耗，能够支持更加复杂和高效的人工智能算法。随着人工智能技术的不断发展，人工智能芯片也在不断创新和进化。

2.2.3 人工智能技术应用

经过 60 多年的发展，人工智能在算法、算力（计算能力）和算料（数据）等方面取得了重要突破，正处于从"不能用"到"可以用"的技术拐点，但是距离"很好用"还存在诸多瓶颈。实现从专用人工智能向通用人工智能的跨越式发展，既是下一代人工智能发展的必然趋势，也是研究与应用领域的重大挑战，是未来应用和发展的趋势。

从人工智能向人机混合智能发展。借鉴脑科学和认知科学的研究成果是人工智能的重要研究方向。人机混合智能旨在将人的作用或认知模型引入到人工智能系统中，提升人工智能系统的性能，使人工智能成为人类智能的自然延伸和拓展，通过人机协同更加高效地解决复杂问题。

从"人工＋智能"向自主智能系统发展。当前人工智能领域的大量研究集中在深度学习，但是深度学习的局限是需要大量人工干预，比如人工设计深度神经网络模型、人工设定应用场景、人工采集和标注大量训练数据、用户需要人工适配智能系统等，非常费时费力。因此，科研人员开始关注减少人工干预的自主智能方法，提高机器智能对环境的自主学习能力。

人工智能将加速与其他学科领域交叉渗透。人工智能本身是一门综合性的前沿学科和高度交叉的复合型学科，研究范畴广泛而又异常复杂，其发展需要与计算机科学、数学、认知科学、神经科学和社会科学等学科深度融合。借助于生物学、脑科学、生命科学和心理学等学科的突破，将机理变为可计算的模型，人工智能将与更多学科深入地交叉渗透。

人工智能产业将蓬勃发展。随着人工智能技术的进一步成熟以及政府和产业界投入的日益增长，人工智能应用的创新模式将随着技术和产业的发展愈加紧密，"人工智能＋X"的创新模式将随着技术和产业的发展日趋成熟，对生产力和产业结构产生革命性影响，并推动人类进入普惠型智能社会。

人工智能的社会学将提上议程。为了确保人工智能的健康可持续发展，使其发展成果造福于民，需要从社会学的角度系统全面地研究人工智能对人类社会的影响，制定完善人工智能法律法规，规避可能的风险，旨在以有利于整个人类的方式促进和发展友好的人工智能。

2.2.4　人工智能技术在新能源领域的应用及其影响

人工智能技术的发展成果为新能源的研究和开发提供了更多的途径。新能源开发项目中几乎每一个模块都可以通过人工智能技术的应用来优化和提高效率。

2.2.4.1　预测能源需求

在全球人口持续增长、经济迅猛发展的时代背景下，能源需求如潮水般汹涌澎湃，不断攀升。这一变化对能源供应链的持久性与效率构成了前所未有的挑战。面对这一挑战，准确预测能源需求成为管理者们亟待解决的课题，这也是合理规划与优化能源生产、储存以及分配的核心任务。

机器学习算法为能源需求预测模型注入了强大的动力。这些算法能够从海量的历史能源数据中提炼出有价值的信息和潜在模式，从而构建出精准预测未来能源需求的模型。机器学习算法具备强大的自学能力，能够自动捕捉数据中的潜在模式和关联关系，建立精确的预测模型，并根据新获取的实时数据进行持续调整和优化。这种智能化的处理方式，使得能源需求预测的结果更加精确、准确和可靠。

借助机器学习算法进行能源需求预测，管理者们能够更加深入地考虑物流和储存设施的使用情况。预测能源需求的准确性和时效性为管理者提供了宝贵的决策依据，使其能够有针对性地安排能源的生产、运输和储存计划，以满足未来需求。例如，当预测模型显示某一地区未来的能源需求将急剧上升时，管理者们可以迅速调整生产计划，扩大产能，并在合适的位置增设新的储存设施，以确保能源的及时供应和稳定性。

此外，机器学习算法在能源供应链管理的优化方面也发挥着重要作用。以智能电网为例，通过分析历史能源消耗数据、经济指标、天气数据等多元因素，机器学习算法能够识别出潜在的影响能源需求的关键因素，并为管理者提供有力的决策支持。例如，通过算法可以发现某一地区的能源需求与天气状况密切相关，当预测到极端天气即将来临时，管理者可以提前采取措施，如调整能源配送路线、增加储备能源等，以确保能源供应的稳定性和可靠性。

因此，人工智能在能源需求预测方面的应用可以为能源供应商和决策者提供了准确的预测结果。这不仅有助于他们做出明智的决策，更能够优化能源生产和分配，提高能源利用效率，从而推动可持续能源发展的步伐。

2.2.4.2 优化能源生产排程

传统的能源生产排程方法，长久以来一直受限于静态规则和固定计划，无法灵活应对复杂多变的市场需求和环境条件，导致能源价格频繁波动，生产效率也不尽如人意。然而，随着人工智能技术的崛起，基于其构建的生产排程模型为能源行业带来了全新的转机。这些模型通过深度优化能源生产排程，显著提升了资源利用效率，并设计出了更为合理的能源开发方案。

以风力发电场为例，在传统排程方法下，往往无法充分利用风力资源。而基于人工智能的生产排程模型，则能够通过精密的数据分析，为风力发电带来革命性的改变。模型能够深入挖掘历史风速数据、电力市场需求以及风力发电机组性能特性等多元信息，精准预测未来的风速变化趋势和电力需求状况。这种基于预测和优化的动态排程策略，不仅提高了风力发电场的发电效率，减少了能源浪费，更为电力供应的稳定性提供了有力保障。在能源需求高峰时，模型能够提前调整发电机组运行策略，确保电力供应不中断；而在需求低谷时，模型又能灵活调整发电计划，避免能源过剩造成的浪费。

从技术层面来看，基于人工智能的生产排程模型的核心在于机器学习和优化算法的运用。机器学习算法能够从海量的历史数据中，学习并理解能源生产和市场之间的复杂互动关系，从中提炼出有价值的模式和规律。基于这些学习成果，模型便能做出精准的预测和决策，从而优化能源生产排程。而优化算法则负责在众多可能的排程方案中，找到那个能够最大化资源利用率、最小化生产成本并满足市场需求的最佳方案。

在新能源行业中，基于人工智能的生产排程模型的应用，对提升能源生产效率和资源利用效率起到了至关重要的作用。通过优化排程，模型有效减少了能源供应过剩或短缺的风险，稳定了能源价格，提高了供应效率。同时，通过更加合理的资源配置和作业顺序安排，模型还显著减少了能源生产过程中的浪费现象，提高了生产效率，降低了生产成本，为新能源行业带来了实实在在的经济效益。

此外，优化能源生产排程还有助于推动能源行业的可持续发展。通过最大限度地利用可再生能源，减少对传统能源的依赖，降低碳排放和环境污染，基于人工智能的生产排程模型正在引领能源行业向更加绿色、更加清洁的未来迈进。

2.2.4.3　监测能源设备状态

智能监测设备凭借其先进的传感器技术，能够实时捕捉设备的运行状态，详尽地记录各项关键数据，包括但不限于温度、压力、声音等物理参数，以及设备的独特特征参数。这些数据的收集与分析，为智能监测设备提供了洞察设备健康状态的独特视角，使得设备运营者能够获取及时的设备状态信息。一旦设备出现任何异常或潜在问题，智能监测设备会迅速向运营者发送通知，确保他们能够在第一时间采取必要的维修和保养措施，避免更大的损失。

以风力发电场中的智能监测设备为例，在这些风力涡轮机组上，安装了多样化的传感器，用于全面监测叶片的振动情况、温度变化、油液压力等重要参数。当传感器捕捉到任何异常信号，如叶片损坏或温度异常升高超过安全范围时，智能监测设备会立即启动警报机制，向设备运营者发送详尽的警报信息。这些警报信息不仅包含了异常的具体内容，还可能提供了初步的分析和建议，帮助运营者迅速判断设备的健康状况，并做出相应的维修和保养决策。

智能监测设备之所以能够实现如此精准和高效的监测，离不开其背后的人工智能技术。通过使用先进的机器学习算法，智能监测设备能够对海量的设备数据进行深入分析和学习，逐步建立起精确的设备状态模型。这些模型不仅能够反映设备的当前状态，还能够预测未来可能发生的故障或异常情况，为运营者提供前瞻性的决策支持。此外，智能监测设备还结合了模式识别和异常检测算法，能够精准识别设备状态中的异常模式，并在第一时间发出警报，确保运营者能够迅速响应。

在新能源行业中，智能监测设备的应用显得尤为重要。它不仅能够提高设备的可靠性，降低运营成本，还能够显著提升能源生产效率。通过实时监测和预警系统，智能监测设备帮助运营者实现了对设备状态的持续跟踪和监控，确保任何潜在问题都能被及时发现和解决。这不仅降低了维修成本和风险，还保障了设备的稳定运行，为新能源行业的发展提供了有力支持。同时，智能监测设备记录的大量设备运行数据，也为运营者提供了宝贵的数据资源。通过对这些数据进行深入分析和挖掘，运营者可以更加精准地制订设备维护计划和生产计划，降低能源生产成本，提高设备的使用寿命，为新能源行业的可持续发展注入了新的动力。

2.2.4.4　新能源交易

人工智能技术在新能源交易领域的运用，可谓是为这一行业注入了全新的活力。通过精心设计和开发智能合约，结合区块链技术的优势，能够确保新能源交易的安全性、可靠性和透明性，从而构建一个更为高效、灵活且可持续的新能源交易体系。

智能合约，这一基于区块链技术的自动化合约机制，它的出现彻底改变了传统能源交易的运作方式。在智能合约的框架下，能源交易的各方可以基于预先设定的规则和条件进行自动化交易，而无需依赖第三方中介的参与。这不仅大幅提升了交易的效率，还显著降低了交易成本。

更重要的是，智能合约的执行过程完全依赖于区块链技术。区块链通过其去中心化的数据存储方式和独特的共识机制，确保了每一笔交易数据的透明性和防篡改性。这意味着交易双方可以实时查看交易记录，确保交易的公正性和真实性。

智能合约与区块链技术在新能源交易中的应用，不仅实现了去中心化的能源交易，还提供了透明可验证的交易记录。这种技术使得实时结算和支付成为可能，大大提高了交易的便捷性。同时，智能合约还能根据市场需求和供应情况，灵活匹配能源供应和需求，优化资源配置，提升能源利用效率。

此外，智能合约和区块链技术还促进了可再生能源的接入和整合。通过智能合约的自动化执行，可再生能源项目可以更加便捷地接入交易体系，实现与传统能源的互补和协同发展。

因此，人工智能技术在新能源交易领域的应用，推动了新能源行业向更加可持续和智能化的方向发展。它为我们提供了一种全新的能源交易模式，使得能源交易更加安全、高效、灵活和透明。同时，这也为研究者和实践者提供了新的研究和应用机会，引领新能源行业迈向更加美好的未来。

人工智能技术，以其强大的数据处理、分析和优化能力，正在逐步改变着新能源开发的格局。传统的新能源开发面临着诸多挑战，如资源分布不均、市场需求多变、技术瓶颈等。通过引入人工智能技术，可以更加精准地预测市场需求，优化资源配置，提升能源开发效率。例如，利用人工智能技术进行大数据分析，可以深入挖掘新能源市场的潜在需求和变化趋势，为新能源项目的规划和决策提供有力支持。同时，人工智能技术还可以帮助优化能源生产流程，提高能源转换效率，降低生产成本。

人工智能技术的广泛应用，不仅为新能源开发带来了更多可能性和解决方案，还为实现更加安全、高效、可持续的能源未来提供了有力保障。随着技术的不断进步和应用场景的拓展，我们有理由相信，人工智能将在新能源领域发挥越来越重要的作用，推动全球能源结构的优化和升级。

本章小结

新能源材料的研发是材料工业发展的先导，也是重要的战略性新兴产业。目前，我国新能源材料产业发展面临着重大战略机遇，以航空航天、物联网、新能源汽车、轨道交通等为代表的战略性新兴产业快速发展对新能源材料产业提出了更高要求，新能源材料研发的迫切性前所未有，新能源材料研发的模式也在不断创新优化。随着新一代信息技术的蓬勃发展，云计算、大数据、人工智能、超级计算等信息技术不断赋能各类行业，将带动新能源材料研发模式的深度变革。

通过本章学习，学生应掌握大数据的定义及其与新能源产业的相关性，以及人工智能技术及其在新能源产业的应用。

思考题

（1）大数据在新能源材料研发中如何发挥作用？

（2）人工智能在新能源材料制备过程中有哪些应用？

（3）大数据与人工智能如何助力新能源材料的性能评估与优化？

（4）大数据与人工智能在新能源材料产业的市场预测与决策支持方面有何作用？

（5）大数据与人工智能在新能源材料产业中面临的挑战与解决方案是什么？

第 3 章

数据预处理

学习目标

(1) 掌握数据清洗的方法及其在新能源材料研发中的应用。

(2) 掌握数据集成的方法及其在新能源材料研发中的应用。

(3) 掌握数据转换的方法及其在新能源材料研发中的应用。

(4) 掌握数据规约的方法及其在新能源材料研发中的应用。

3.1 数据清洗方法

数据清洗是指处理数据中存在的错误，包括处理缺失值、异常值、重复值等，并采取相应的措施进行修正或剔除的过程。数据清洗可以提高数据质量，减少后续分析和建模的偏差和误差。

在数据搜集的过程中，需要从不同渠道获取数据并汇集在中心数据库。这些原始数据可能是不准确、不完整、不合理的，或者存在格式、字符等不规范的问题。因此，我们需要对这些原始数据进行过滤清洗，将不规范的数据进行格式化和标准化。

例如，缺失值可能是由于实验误差、设备故障或数据录入时的疏忽造成的，可以利用插值、回归预测或基于机器学习的方法进行填补；异常值可能是由于实验操作失误、设备异常或数据本身的特殊性导致的，可以设定阈值、运用统计方法或机器学习方法对异常值进行剔除或修正；重复值可能是在数据搜集和整合过程中，由于数据来源的多样性而造成的，可以通过数据比对和去重技术，消除重复数据。

经过清洗的数据，数据质量得到了显著提升，为后续的数据分析、挖掘、可视化实现以及统计报表等应用提供了更加准确和可靠的数据基础。数据清洗不仅能够减少后续分析和建模的偏差和误差，还能够提高数据的质量和可用性，使研究人员能够更好地理解和利用数据，推动新能源材料研究的深入发展。

3.1.1 数据清洗的原理

数据清洗是对数据进行重新审查和校验的过程中，发现并纠正数据文件中可识别的错误，按照一定的规则把错误或冲突的数据清洗掉，包括检查数据一致性、处理无效值和缺失值等。

数据清洗一般是由计算机而不是人工完成的。如图 3.1 所示，利用数理统计、数据挖掘和预定义清理规则等有关技术将"脏数据"处理掉，从数据源中检测并消除错

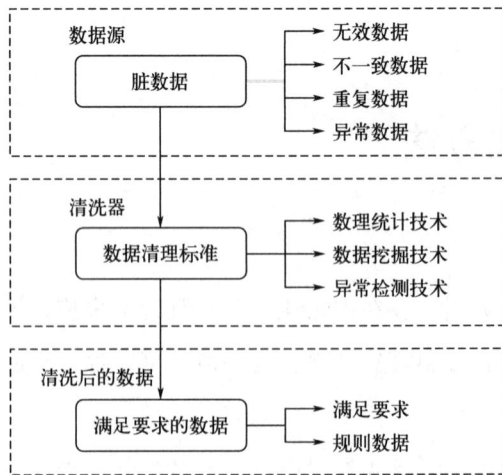

图 3.1　数据清洗过程

误、不一致、不完整和重复的数据，提供满足要求的高质量数据。

数据清洗的标准模型是将数据输入到数据清理处理器，通过一系列步骤清理数据，然后以期望的格式输出清理过的数据。

3.1.2　数据清洗在新能源材料研发中的应用

在新能源材料研究中，通过数据清洗，我们能够获得更加准确、可靠和有价值的数据资源，为新能源材料的研发、设计和优化提供有力的支撑和保障。下面以新型燃料电池材料研发为例进行介绍。

（1）异常值处理。在新型燃料电池的性能测试中，可能会出现一些异常值，即与其他数据点相比显著偏离的数据点。比如电池放电容量突然增大或减小，可能是由于测试设备故障、测试环境不稳定或电池本身存在问题导致的。通过数据清洗，研究人员可以准确识别并处理这些异常值，避免它们对电池性能评估和模型构建的干扰。

（2）缺失数据填补。在新型燃料电池的研发过程中，可能会因为实验条件限制、设备故障等原因导致部分数据缺失。这些数据的缺失可能会影响对电池性能的全面评估和模型构建的准确性。通过数据清洗，研究人员可以采用合适的填补方法，如插值法、回归预测、基于机器学习的方法等，来估计并填补这些缺失值，使数据集更加完整和可用。

（3）数据标准化。在新型燃料电池的性能评估和比较中，不同的性能指标可能使用不同的测量尺度、单位或范围。为了确保不同指标之间的可比性，研究人员需要通过数据清洗对数据进行标准化处理，如 z-score 标准化、最小-最大规范化等，将其调整到统一的尺度或范围，以便更准确地评估和比较不同电池的性能。

（4）重复数据清除。在新型燃料电池的数据采集和整理过程中，可能会出现重复的数据记录。这可能是由于数据重复录入、数据合并时的重复等原因导致的。通过数据清洗，研究人员可以识别和删除这些重复的数据记录，确保数据集的准确性和完整性。

（5）处理数据不一致性。在新型燃料电池的数据整合过程中，可能会遇到不一致的数据标记或表示方式。例如，不同实验室可能采用不同的单位、命名方式或数据格式。通过数据清洗，研究人员可以通过统一单位、调整数据格式或进行数据标准化等操作，确保数据的一致性和可比性。

因此，通过处理异常值、填补缺失数据、标准化数据、清除重复数据、处理数据不一致性等步骤，研究人员可以确保新能源材料研发、设计和优化过程中数据的准确性和可靠性，为材料性能评估、模型建立和材料筛选提供准确和一致的数据基础，为提升新能源材料的性能和可靠性提供有力支持。

3.1.3 数据清洗在新能源材料研发中的发展前景

数据清洗在新能源材料发现上十分重要，其发展前景极为广阔。随着材料科学研究的深入和高通量实验技术的普及，大量实验数据涌现而出，但其中存在着噪声、缺失和不一致等问题，这就需要数据清洗来提高数据的质量和可用性。

首先，数据清洗可以帮助科研人员从海量数据中准确、高效地筛选出有价值的信息，加速新能源材料的发现过程。通过去除冗余信息、处理异常数据和填补缺失值等手段，数据集更具可信度和可用性，从而提高材料筛选的准确性和可靠性。

其次，数据清洗可以为机器学习和人工智能等先进技术提供高质量的输入。清洗后的数据能够降低模型在训练和预测过程中的误差，提升了预测的准确性和稳定性。这将极大地推动新能源材料的高效筛选和优化，有助于加速新能源材料的研发和应用。

此外，数据清洗还可以促进数据共享与合作。清洗后的数据更容易被其他研究人员理解和使用，也降低了数据交流和合作的障碍，促进了科研成果的共享和推广。

随着新能源材料研究的不断深入，数据清洗在其中的应用前景十分广阔。它将成为新能源材料研究的重要环节，为材料科学的发展和新能源技术的突破提供有力支持。

3.2 数据集成方法

数据集成是指将来自不同数据源或不同格式的数据整合到一起，形成一个统一的数据集，涉及数据匹配、数据合并和数据冲突解决等操作。这一过程可以通过多种方法和技术来实现，旨在将分散的数据整合在一起以提供更全面和综合的分析和洞察力，可以帮助消除数据重复和冗余，提供更完整和一致的数据视图。换句话说，数据集成的目标是消除数据孤岛，提高数据的可用性和价值。

3.2.1　数据集成的步骤

数据集成一般分为以下几个步骤。

（1）数据源识别和选择。首先需要确定哪些数据源是需要集成的。这可以包括数据库、文件、API 接口等，甚至数据可能来自不同部门或不同组织。

（2）数据收集。一旦确定了数据源，就开始从这些源中获取数据。这可能包括查询数据库、下载文件、访问 API 接口等操作。

（3）数据转换与整合。由于来自不同源头的数据可能具有不同的格式和结构，需要进行数据转换和整合，以便使其符合统一的数据标准。这可能包括格式转换、单位转换、结构调整等操作。

（4）数据存储与管理。整合后的数据需要存储在一个中央位置，通常是一个数据仓库或数据库中，以便后续的查询和分析。数据的存储结构需要合理设计，以提高数据的查询效率和可用性。

（5）数据验证。在整个数据集成过程中，需要对整合后的数据进行验证，确保其准确性和一致性。这包括检查数据的完整性、一致性，以及与源数据的对比等操作。

（6）数据维护与更新。随着时间的推移，数据可能会发生变化，需要定期对数据进行维护和更新，以保证数据的时效性和准确性。

3.2.2　数据集成在新能源材料研发中的应用

数据集成在新能源材料研发中的应用非常广泛。通过整合和分析大量的数据，可以加快对新能源材料的研究和开发过程，并提高材料性能的预测和优化。数据集成方法在新能源材料研发中的应用主要有以下几种。

（1）材料数据库的构建和管理。研究人员可以收集不同实验室、文献和计算模拟等来源的数据，并将其整合到一个统一的数据库中。这些数据可以包括材料的结构、晶体学参数、电子结构等多种信息。通过对这些数据进行整合和标准化，可以为材料科学家提供更全面、准确的信息资源，帮助他们更快速地找到潜在的新能源材料。

（2）材料性能预测和筛选。通过收集一系列材料的性能数据，如能带结构、电荷传输特性、储能性能等，可以建立机器学习模型或基于物理原理的模拟方法来预测其他材料的性能。通过整合不同领域数据的多模态信息，可以提高模型的准确性和可靠性。

（3）加速新材料探索的过程。通过整合文献、专利和实验数据等信息，可以识别出材料的合成方法、制备条件、性能改进策略等关键信息。这些信息可以帮助研究人员更快速地选择和优化候选材料，并指导进行可行性实验的方向。

（4）材料的结构与性能关联分析。通过整合材料的晶体结构、微观结构和物理特性等数据，可以揭示材料结构与性能之间的关联规律，辅助材料设计和优化过程。这种数据集成的方法可以帮助研究人员快速理解材料的工作机制，并通过结构调控来改善材料性能。

数据集成在新能源材料研发中的应用可以提供更全面的信息资源、加速性能预测与筛选、优化材料设计过程，并帮助科学家更好地理解材料结构与性能之间的关系。

3.2.3 数据集成在新能源材料研发中的发展前景

随着研究者利用实验室测试、计算模拟等多种手段获取大量实验数据和材料性能信息，如光电转换效率、导电性等，数据集成成为整合这些多源数据的关键步骤。

在新能源材料研究不断深入的今天，数据集成将进一步融合人工智能和机器学习技术，实现对大规模数据的智能分析和挖掘。研究者可以借助数据集成平台，将来自不同实验室、不同研究团队的数据整合，从而形成更大规模、更全面的材料性能数据库，为新能源材料的设计与优化提供更可靠的参考。

同时，实验设备的智能化和自动化程度的提升使实验室生成的数据将变得更加丰富和高维，这需要更加先进的数据集成技术来处理和分析这些复杂数据。未来的数据集成方法将结合先进的数据预处理和特征提取技术，使得从实验数据中提取出对新能源材料性能影响最显著的特征变得更为高效。

数据集成在未来将发挥越来越重要的作用，不仅可以加速材料发现的过程，还可以为新能源材料的设计与优化提供更为准确的指导。同时，结合人工智能等新技术，数据集成将在新能源材料研究中发挥更大的作用，为推动新能源技术的发展提供强有力的支持。

3.3 数据转换方法

数据转换是将原始数据进行转换或归并，从而变成一个适合数据分析和建模的描述形式。这包括特征缩放、特征编码、特征变换等操作。特征缩放可以将不同尺度的特征进行标准化或归一化，以确保它们具有相似的范围。特征编码将非数值特征转换为数值特征，以便机器学习模型可以处理。而特征变换可以通过降维、特征生成等技术改变数据的表示形式，以提取更有用的信息。

通过数据转换，可以消除数据中的噪声、处理不同特征之间的量纲差异、提取重要的信息、减少维度、改善数据的分布等，从而为后续的数据分析和机器学习任务提供更加可靠和有效的基础。

3.3.1 常见的数据转换策略

常见的数据转换策略如下。

（1）平滑处理。帮助除去数据噪声，常用的方法包括分箱、回归和聚类等。

（2）聚集处理。对数据进行汇总操作。例如，每天的数据经过汇总操作可以获得每月或每年的总额。这一操作常用于构造数据立方体或对数据进行多粒度的分析。

（3）数据泛化处理。用更抽象（更高层次）的概念来取代低层次的数据对象。例如，街道属性可以泛化到更高层次的概念，如城市、国家，再比如年龄属性可以映射到更高层次的概念，如青年、中年和老年。

（4）规范化处理。将属性值按比例缩放，使之落入一个特定的区间，比如 0.0～1.0。常用的数据规范化方法包括 Min-Max 规范化、z-score 规范化和小数定标规范化等。

（5）属性构造处理。根据已有属性集构造新的属性，后续数据处理直接使用新的属性。例如，根据已知的质量和体积属性，计算新的密度属性。

3.3.2 数据转换在新能源材料研发中的应用

数据转换是将原始数据转化为可理解和可分析形式的过程，可以帮助研究人员从材料数据中提取有用的信息，并支持新能源材料的预测、优化和发现。数据转换在新能源材料研发中有如下应用。

（1）特征工程。特征工程是通过将原始数据转换为更有意义的特征进行模型训练和分析的过程。在新能源材料发现中，研究人员通常会从多种数据源获取材料的特征，如结构信息、元素成分、晶体学参数、物理性质等。通过数据转换技术，可以将这些原始数据提取、转化为更有代表性和可区分性的特征，从而更好地描述材料的特性和性能。

（2）数据标准化和归一化。在不同数据源和不同实验条件下采集的材料数据可能存在差异，如尺寸、单位、测量误差等。通过数据转换技术，可以对数据进行标准化和归一化处理，消除数据中的脏数据和随机误差，使得数据更具可比性和一致性。这有助于提高材料数据的质量和可信度，减少数据分析的偏差和误解。

（3）生成新的材料特征和属性。通过将不同特征进行组合、乘积或其他运算，可以生成新的特征，用于描述材料的更高层次的特性。这种方法可以帮助研究人员发现隐藏在原始数据中的非线性关系和重要特征，从而优化材料设计和开发过程。

数据转换在新能源材料发现中扮演着重要的角色。它可以帮助研究人员从原始数据中提取有用的信息、降低数据的复杂性、提高数据质量和可信度，并生成新的特征和属性，推动新能源材料的研究和发展。

3.3.3 数据转换在新能源材料研发中的发展前景

随着实验技术和计算能力的提升，研究者可以获取到大量复杂的实验数据、计算模拟结果以及材料结构信息。数据转换的发展使得这些多源数据得以整合和处理，从而形成对材料性能更全面的描述。

未来，数据转换将结合先进的特征工程、降维分析等技术，帮助研究者从海量数据中提取出对新能源材料性能影响最显著的特征。同时，随着深度学习和神经网络技术的不断发展，数据转换将变得更加智能化，能够自动识别和提取与材料性能相关的特征，从而加速材料筛选和优化的过程。

此外，随着多模态数据的应用增加，数据转换也将涉及对不同类型数据的整合和转换，例如将实验数据和计算结果与材料结构信息相结合，形成更为全面的材料性能描述。这将为研究者提供更全面、深入的认识，推动新能源材料的设计与优化的发展。

3.4　数据规约方法

数据规约是指对数据进行精简和简化，以减少数据集的大小或维度，同时保留数据集的重要信息和特征。通过降低数据的维度或样本数量，能够有效减少数据的复杂性并提高计算效率。这一过程包括特征选择和实例选择等操作。特征选择是选择最具有代表性和相关性的特征，以减少特征空间的维度。实例选择是选择最具代表性的样本，以减少样本数量和保持数据的代表性。数据规约可以帮助提高数据处理的效率和性能，并减少存储和计算资源的需求。

3.4.1　常见的数据规约方法

常见的数据规约方法如下。

（1）维规约的思路是减少所考虑的随机变量或属性的个数，使用的方法有属性子集选择、小波变换和主成分分析。属性子集选择是一种维规约方法，其中不相关、弱相关或冗余的属性或维会被检测或删除。而后两种方法是将原始数据变换或投影到较小的空间的方法。

（2）数量规约用可替代的、较小的数据表示形式替换原始数据。这些技术可以是参数或者非参数的。对于参数方法而言，使用模型估计数据，使得一般只需要存放模型参数而不是实际数据（离群点需存放），如回归和对数-线性模型。存放数据规约表示的非参数方法包括：直方图、聚类、抽样和数据立方体聚类。

（3）数据压缩使用变换得到原始数据的规约或"压缩"表示。如果数据可以在压缩后重构，而不损失信息，则该数据规约被称为无损的。如果是近似重构原数据，称为有损的。基于小波变换的数据压缩是一种非常重要的有损压缩方法。

通过数据规约，研究人员可以更好地理解和分析材料的性质和行为，以加快新能源材料的发现和设计过程。

3.4.2 数据规约在新能源材料研发中的应用

数据规约在新能源材料研发中的应用如下。

（1）特征提取。在材料研究中，常常需要从大量的原始数据中提取有意义的特征。数据规约技术可以通过选择和提取关键特征，从而简化数据集并减少计算量，使得研究人员能够更好地理解材料的结构、性能和反应机制。

（2）数据压缩。新能源材料研究往往涉及大量的实验数据、计算模拟结果和文献信息等多种数据来源。数据规约可以将这些数据进行压缩和整合，减少存储空间和计算资源的需求，提高数据管理和处理效率。这样，研究人员可以更快速地访问和分析所需的数据，并发现其中的规律和趋势。

（3）数据可视化。数据规约方法可以将高维数据映射到低维空间，从而使得数据能够以可视化的方式展示出来。通过数据可视化，研究人员可以更直观地理解材料的结构和性质，发现隐藏在数据背后的模式和关联性。这对于新能源材料的设计和优化具有重要的指导作用。

（4）数据集成和共享。数据规约可以促进不同来源的数据集进行集成和共享，从而使得更多的研究人员能够访问和利用这些数据进行新能源材料研究。通过数据集成，研究人员可以获得更全面、多样化的数据，提高材料发现的效率和准确性。

数据规约在新能源材料研发中扮演着重要的角色，可以帮助研究人员从大规模数据集中提取有用信息，加快材料的设计、发现和优化过程。

3.4.3 数据规约在新能源材料研发中的发展前景

实验技术的不断升级和新技术的引入导致获取到的实验数据将会更加丰富和高维。

在这种情况下，数据规约需要结合先进的算法和技术，如高维数据降维、特征选择等，以便更好地提取出对材料性能影响显著的特征，从而减少数据的冗余信息，提升分析效率。

此外，随着多模态数据的应用增加，例如结合实验数据、计算模拟结果和材料结构信息，数据规约将不局限于单一类型的数据处理，而是需要将不同类型的数据整合起来，形成更为全面的材料性能描述。这将为研究者提供更全面、深入的认识，为新能源材料的设计与优化提供更有力的支持。

总的来说，随着新能源材料研究的不断深入，数据规约将发挥越来越重要的作用，帮助研究者从大规模、多模态的数据中筛选出对材料性能影响最显著的信息，为新能源材料的设计与优化提供更可靠的指导。同时，结合先进的数据处理技术，数据规约将在新能源材料研究中发挥更大的作用，为推动新能源技术的发展提供有力的支持。

本章小结

新能源材料数据包括海量的实验室合成数据、材料性能测试结果、电子结构计算数据、晶体结构数据等等。在新能源材料领域的深入探索中，这些数据不仅是研究的起点，更是后续科研分析、模型建立及新能源材料筛选的基础，是提高新能源材料科学研究深度和广度的关键因素。

然而，在实际操作中，我们经常会面临原始数据质量参差不齐的挑战。由于实验操作的不确定性、测量仪器的精度限制或者人为操作误差等原因，原始数据中存在噪声、异常值、缺失值等问题。这些问题如果得不到妥善处理，将严重影响后续数据分析的准确性和可靠性，甚至可能导致错误的研究结果。

因此，数据预处理成为新能源材料研究中不可或缺的一环。数据预处理的过程在后续数据分析任务之前，对原始数据进行系统性和有针对性的处理，以提高数据的质量和可用性。它涵盖了数据清洗、数据转换、数据集成、数据规约等多个操作。

通过数据预处理，可以获得更好的数据质量和更易于分析的数据集，从而提高数据分析、机器学习和决策支持的效果。研究人员可以从海量的数据中提取出有价值的信息和规律，发现材料之间的内在联系和关键特征。这些信息和规律不仅可以为新能源材料的研发提供指导和支持，还可以为材料设计和优化提供新的思路和方法。

总之，数据预处理是新能源材料研究中不可或缺的一环。通过科学的数据预处理方法和流程，我们可以获得更加准确、可靠和有价值的数据资源，为新能源材料的研发、设计和优化提供有力的支撑和保障。

通过本章学习，学生应掌握数据预处理技术，包括数据清洗方法、数据集成方法、数据转换方法和数据规约方法。

? 思考题

(1) 什么是数据预处理？它的重要性体现在哪里？

(2) 数据预处理的主要步骤有哪些？

(3) 如何处理缺失值？有哪些常见的方法？

(4) 异常值是如何被检测出来的？处理异常值的方法有哪些？

(5) 数据标准化和归一化的区别是什么？它们各自适用于什么情况？

(6) 在数据预处理中，如何处理分类变量（即非数值变量)？

(7) 如何评估数据预处理的效果？

第 4 章

数据挖掘与信息安全

学习目标

(1) 了解新能源材料发现过程中涉及的数据挖掘技术。

(2) 理解常用的数据挖掘方法。

(3) 理解数据安全相关概念。

4.1 新能源材料发现中数据挖掘技术概述

数据挖掘技术在新能源材料发现中扮演着重要的角色。新能源材料的发现需要从大量的实验数据中挖掘出有价值的信息和规律，以指导材料设计和优化。在新能源材料发现过程中涉及的数据挖掘技术主要包括：

（1）特征选择及数据降维：在新能源材料发现中，选择合适的特征对于准确建立模型至关重要。特征选择技术可以从大量的特征中选择出最相关和最具代表性的特征，提高模型的性能和可解释性。此外，新能源材料发现中的特征可能是高维的，这会增加模型的复杂性和计算开销。数据降维技术可以将高维数据转换为低维表示，保留数据的关键信息，减少计算负担。

（2）模式识别：数据挖掘技术可以挖掘新能源材料中的模式和规律。例如，聚类分析可以将材料分为不同的类别，关联规则挖掘可以发现材料之间的关系，分类和回归分析可以建立预测模型。

（3）异常检测：新能源材料中的异常数据可能是有价值的，例如，可能是体现特殊性能的数据。数据挖掘技术可以检测和识别异常数据，帮助发现新的材料。

（4）高通量实验：高通量实验是新能源材料发现过程中的重要组成部分，它涉及在各种条件下快速测试大量材料样品。数据挖掘技术能有效分析这些实验产生的数据，加速新能源材料及其特性的发现进程。

（5）材料信息学：材料信息学是一门新兴的跨领域学科，利用数据挖掘、机器学习和人工智能来加速材料的发现。它包括开发数据库、模型和算法来预测材料性质并指导材料设计。数据挖掘技术是材料信息学的核心，使研究人员能够从庞大的数据集中获取见解，并在材料研究中做出基于数据的决策。

（6）领域知识的整合：在新能源材料发现的背景下，可以将材料科学和化学领域的专业知识与数据挖掘技术相结合。将专业知识与数据驱动的方法相结合，使得在寻找新能源材料时更加有效和明智地做出决策。

因此，数据挖掘技术在新能源材料发现中具有重要的应用价值。通过数据挖掘技术，可以从大量的实验数据中挖掘出有价值的信息和规律，为新能源材料的设计和优化提供指导。

4.2　数据挖掘方法与算法

数据挖掘方法与算法是一个广泛的领域，旨在从大型数据集中提取有用的信息、模式和关联。这包括关联规则挖掘、聚类分析、分类与预测，以及异常检测等任务。关联规则挖掘用于发现数据元素之间的相关性，聚类分析将数据点分组成簇，分类与预测用于预测未知数据的类别或值，异常检测则识别与大多数数据点不同的异常数据点。这些任务使用多种算法，如 Apriori 算法、K 均值聚类、决策树、支持向量机和 LOF 算法等。数据挖掘在各个领域都有广泛应用，包括新能源技术。它有助于预测新能源技术的趋势、用户的可持续能源偏好以及能源系统的性能。数据挖掘提供了强大的工具和平台，用于处理大规模新能源数据集，从而支持更明智的决策制定、新能源项目的优化和发现新可再生能源商机。

4.2.1　关联规则挖掘

关联就是反映某个事物与其他事物之间的相互依存关系，而关联分析是指在交易数据中，找出存在于项目集合之间的关联模式，即如果两个或多个事物之间存在一定的关联性，则其中一个事物就能通过其他事物进行预测。通常的做法是挖掘隐藏在数据中的相互关系，当两个或多个数据项的取值相互间高概率地重复出现时，那么就会认为它们之间存在一定的关联。

关联规则是数据挖掘中的一个重要分支，其主要研究目的是从各种数据集中发现模式、相关性、关联或因果结构。关联规则有形如 $X \rightarrow Y$ 的蕴含表达式，其中 X 和 Y 是不相交的项集，即 $X \bigcap Y = \emptyset$。

4.2.1.1　关联规则的常用指标

分析事物关联需要将众多复杂的线索拆解清晰，量化为对工作有用的指标，在关联分析的最开始，往往需要关注以下指标：

（1）支持度。在关联算法中很重要的一个概念是支持度（support），也就是数据集中包含某几个特定项的概率。其计算公式为：

$$S = F[(A \& B)/N]$$

其中，S 代表支持度；F 代表概率函数；$A \& B$ 代表同时使用 A 项和 B 项的次数，即这两种新能源材料的组合在总研究次数中的比例（或交集）；N 代表总研究次数。

例如：在1000次的新能源材料研究中，同时使用了太阳能电池和光催化剂的次数是50，那么此关联的支持度为5％。换句话说，在上述研究中同时使用太阳能电池和光催化剂的概率为5％。

支持度的计算可以帮助研究人员了解这两种新能源材料之间的关联程度，有助于指导进一步的研究和实验设计。

（2）置信度。与关联算法很相关的另一个概念是置信度（confidence），也就是在数据集中已经出现 A 时，B 发生的概率，其计算公式为：

$$置信度＝A 与 B 同时出现的概率/A 出现的概率$$

置信度在新能源材料研究中可以用来衡量两种材料之间的条件概率，即在使用一种材料后是否会使用另一种材料的概率。其计算公式为：

$$C=F(A\&B)/F(A)$$

其中，C 代表置信度；F 表示条件概率函数；$A\&B$ 代表同时使用两种材料的次数；A 代表使用其中一种材料的次数。

例如：在研究中发现同时使用太阳能电池和光催化剂的次数是 6，而使用太阳能电池的次数是 8，那么置信度就是 6/8，即 75％。

置信度可以帮助研究人员了解一种新能源材料是否会促使另一种新能源材料的使用。

（3）提升度。提升度用于衡量一种新能源材料对另一种新能源材料的购买概率提升程度，以确定它们的组合是否具有实际价值。提升度的计算公式为：

$$L=S(A\&B)/[S(A)S(B)]$$

其中，L 代表提升度；$S(A\&B)$ 代表两种材料同时使用的支持度；$S(A)$ 代表一种材料的支持度；$S(B)$ 代表另一种材料的支持度。如果提升度大于 1，说明这两种材料的组合购买次数高于单独购买的次数，表明这种组合具有实际价值，可以在研究中得到更多关注。

通过支持度、置信度和提升度的计算和分析，新能源材料研究人员可以更好地理解不同材料之间的关系，以指导其研究方向和决策。

4.2.1.2 关联规则的分类

根据新能源材料研究中的规则特性，可将关联规则划分为不同类型。

（1）基于规则中所处理的变量的类型，关联规则可分为布尔型和数值型。布尔型关联规则处理离散、种类化的变量，展示这些变量之间的关系。例如，太阳能电池＝"高效"→光催化剂＝"效果显著"属于布尔型关联规则，因为它们都是离散的特性描述。数值型关联规则可以涉及数值型数据，例如处理的原始数据数值，包括不同类型的变量。例如，太阳能电池功率＝300W→光催化剂效率＝85％，其中功率和效率都是数值型变量，因此这是一个数值型关联规则。

（2）基于规则中数据的抽象层次，关联规则可分为单层和多层。单层关联规则不考虑数据的多层次性质，所有变量都处于同一层次。例如，太阳能电池品牌＝"A"→光催化剂类型＝"X"是一个单层关联规则，因为它没有考虑数据的多层次性质。多层关联规则考虑了数据的多层次性质，涵盖了不同抽象层次的信息。例如，太阳能电池类型＝"薄膜"→光催化剂反应机制＝"光解水"考虑了更高抽象层次和更多细节层次的信息，属于多层关联规则。

（3）基于规则中涉及的数据的维数，关联规则可分为单维和多维。单维关联规则仅涉及数据的一个维度，处理单个属性之间的关系，例如材料组成＝"钛合金"→光催化剂类型＝"二氧化钛"是一个单维的关联规则，因为它仅涉及一种材料属性。多维关联规则涉及多个维度的数据，处理不同属性之间的关系。例如，太阳能电池效率＝20％→光催化剂吸收光谱范围＝"可见光范围"涉及太阳能电池的效率和光催化剂的吸收光谱范围，是一个多维的关联规则。

这种分类方法有助于在新能源材料研究中理解和分析不同类型的关联规则，从而为进一步研究和实验设计提供指导。

4.2.1.3　关联规则挖掘的相关算法

数据分析的目的就是找到数据之间的关联和联系，在新能源材料领域，关联分析算法旨在找到新能源材料之间的模式和规律，以指导研究和设计。常用于新能源材料研究的关联分析算法如下：

（1）Apriori 算法基本思想：首先找出所有的频集，这些项集出现的频繁性至少和预定义的最小支持度一样；然后由频集产生强关联规则，这些规则必须满足最小支持度和最小置信度。Apriori 算法是一种最有影响的挖掘布尔型关联规则频繁项集的算法。其核心是基于两阶段频集思想的递推算法。

（2）SETM 算法基本思想：候选项目集在扫描数据库时即时生成，但在通过结束时计算，新的候选项集生成事务的 TID 与候选项集一起保存在顺序结构中；结束时，通过聚合该顺序结构来确定候选项集的支持计数。

（3）FP-tree 算法基本思想：首先压缩输入数据库，创建一个 FP 树实例来表示频繁项；然后将压缩数据库分成一组条件数据库，每个条件数据库与一个频繁模式相关联；最后将每个数据库进行单独挖掘。FP-tree算法又称FP-Growth算法，是在不使用候选集的情况下查找频繁项集，从而提高性能。其核心是使用名为频繁模式树（FP-tree）的特殊数据结构，保留了项集关联信息。

4.2.2 聚类分析

4.2.2.1 聚类分析的概念

聚类分析是根据在数据中发现的描述对象及其关系的信息，将数据对象分组。目的是，组内的对象相互之间是相似的（相关的），而不同组中的对象之间是不同的（不相关的）。组内相似性越大，组间差距越大，说明聚类效果越好。也就是说，聚类的目标是得到较高的簇内相似度和较低的簇间相似度，使得簇间的距离尽可能大，簇内样本与簇中心的距离尽可能小。

聚类得到的簇可以用聚类中心、簇大小、簇密度和簇描述等来表示。聚类中心是一个簇中所有样本点的均值（质心），簇大小表示簇中所含样本的数量，簇密度表示簇中样本点的紧密程度，簇描述是簇中样本的业务特征。

4.2.2.2 聚类的过程

聚类的过程包括数据准备、特征选择、特征提取、聚类四个步骤。其中数据准备包括特征标准化和降维；特征选择是从最初的特征中选择最有效的特征，并将其存储于向量中；特征提取是通过对所选择的特征进行转换形成新的突出特征；聚类（或分组）是首先选择合适特征类型的某种距离函数（或构造新的距离函数）进行接近程度的度量，而后执行聚类或分组。

对于聚类得到的结果，可以采用多种度量方法进行评估，主要度量方法包括外部有效性评估、内部有效性评估和相关性测试评估。

良好聚类算法的特征包括：良好的可伸缩性、处理不同类型数据的能力、处理噪声数据的能力、对样本顺序的不敏感性、约束条件下的表现、易解释性和易用性。

4.2.2.3 聚类分析的要求

不同的聚类算法有不同的应用背景，有的适合于大数据集，可以发现任意形状的聚簇；有的算法思想简单，适用于小数据集。总的来说，数据挖掘中针对聚类的典型要求如下。

（1）可伸缩性。当数据量从几百上升到几百万时，聚类结果的准确度能一致。

（2）处理不同类型属性的能力。许多算法针对的是数值类型的数据。但是，实际应用场景中，会遇到二元类型数据、分类/标称类型数据、序数型数据。

（3）发现任意形状的类簇。许多聚类算法基于距离（欧式距离或曼哈顿距离）来量化对象之间的相似度。基于这种方式，往往只能发现相似尺寸和密度的球状类簇或者凸型类簇。但是，实际中类簇的形状可能是任意的。

（4）初始化参数的需求最小化。很多算法需要用户提供一定个数的初始参数，比如期望的类簇个数、类簇初始中心点的设定。聚类的结果对这些参数十分敏感，调参数需要大量的人力负担，也非常影响聚类结果的准确性。

（5）处理噪声数据的能力。噪声数据通常可以理解为影响聚类结果的干扰数据，包含孤立点、错误数据等，一些算法对这些噪声数据非常敏感，会导致低质量的聚类。

（6）增量聚类和对输入次序的不敏感。一些算法不能将新加入的数据快速插入到已有的聚类结果中，还有一些算法针对不同次序的数据输入，产生的聚类结果差异很大。

（7）高维性。有些算法只能处理 2 到 3 维的低维度数据，而处理高维数据的能力很弱，高维空间中的数据分布十分稀疏，且高度倾斜。

（8）可解释性和可用性。希望得到的聚类结果都能用特定的语义、知识进行解释，和实际的应用场景相联系。

4.2.2.4　常用聚类算法

（1）K 均值聚类（K-means clustering）。K 均值聚类是一种常用的聚类算法，它将数据分为预定义数量为 K 的簇。该算法通过迭代地将数据点分配到最接近的质心，并更新质心来优化簇的分配。

（2）分层聚类（hierarchical clustering）。分层聚类是一种将数据构建成树状层次结构的聚类算法。它可以是自底向上的聚合聚类（凝聚性聚类）或自顶向下的分割聚类（分裂性聚类），通过不断合并或拆分簇来创建层次结构。

（3）基于密度的带有噪声的应用空间聚类算法（density-based spatial clustering of

applications with noise，DBSCAN）。DBSCAN 是一种基于密度的聚类算法，它能够自动识别具有不同密度的簇。该算法通过定义数据点周围的密度来划分簇，同时可以识别噪声点。

（4）层次聚类（agglomerative clustering）。层次聚类是一种自底向上的聚合聚类算法，它从每个数据点开始，逐步将最近的数据点合并为簇。这个过程形成了一棵树，可以根据需要切割成不同数量的簇。

（5）高斯混合模型（gaussian mixture model，GMM）。GMM 是一种概率模型，可以用于对数据进行聚类。它假定数据是由多个高斯分布组合而成的，通过最大似然估计来拟合这些分布，并识别数据点所属的簇。

（6）均值漂移（mean shift）。均值漂移是一种密度估计的聚类算法，它试图找到数据点在密度函数梯度上的最大值，从而确定聚类中心。算法适用于各种数据分布。

（7）自组织映射（self-organizing maps，SOM）。SOM 是一种以神经网络为基础的聚类算法，可以用于可视化和聚类分析。它通过训练神经网络来映射数据到一个低维的拓扑结构中形成簇。

上述聚类算法在不同场景和数据类型下都有广泛的应用，可以帮助发现数据中的模式和结构，算法的细节在第 5 章进行介绍。选择适当的聚类算法取决于数据的性质和分析目标。

4.2.3　分类与预测

4.2.3.1　分类与预测的定义

数据分类需要两个步骤：第一个步骤是建立描述预定义的数据类或概念集的分类器，简单说就是建立分类的标准；第二个步骤是使用模型进行分类，先评估分类器预测的准确率，如果可以接受，则进一步应用到未知的数据集上进行分类。

数据预测也有两个步骤：第一个步骤是寻找要预测的属性值与其他属性之间的函数关系或者映射关系；第二个步骤是根据预测值和实际值进行评估和改进预测的映射关系。

数据清洗、数据集成、数据转换和数据规约是分类和预测所必需的数据预处理环节，这些环节有助于提高分类或预测的准确性、有效性、可伸缩性。因此，分类和预测的方法可以通过准确率、速度、鲁棒性、可伸缩性、可解释性几个方面去评估。

4.2.3.2　典型的分类与预测方法

（1）决策树归纳：从类标记的训练元组学习决策树。决策树是一种类似于流程图的树结构，其中每个内部节点表示在一个属性上的测试，每个分支代表一个测试的输出，每个树叶节点存放一个类标号。这种决策树归纳类似于分支处理，而且不仅仅是单独一层，而是存在递归层次的分支处理，树叶节点是最后分支处理的结果。决策树归纳的结果最后表现出来的非常类似于一组条件判断的结果。

在使用决策树归纳的时候，对连续取值和离散取值要做合理的分支处理或者分段；如果要判断的值只属于其中某个分段，则要考虑采用剪枝的方式进行加速处理，类似于二分查找的情况。

使用决策树归纳处理属性选择度量的应用问题有信息增益、增益率、Gini 指标。信息增益处理的问题是要将一组实体中某一属性进行划分，寻找合适的分组标准使得这个属性存取的值可以用最短的信息位进行表示。这个问题在算法中最具代表性的例子是哈夫曼编码问题。在信息增益问题当中，某一属性值占全体属性值的比重会影响其信息表示的长度，同时也要保证全体属性值按照这种分组标准分组的时候，其占用的信息存储长度是最短的。当属性值取值是连续值的时候，要进行分组的单位要比连续值的单位小一个数量级，将其转化为离散型取值问题。信息增益适用于具有大量值的属性。增益率是在信息增益扩充中应用分裂信息值规范化信息增益。分裂信息值是训练数据集通过对应某个属性测试的 m 个分组标准产生的信息，可以计算出分组后的信息增益值。拿这个训练产生的值去与基于分类的信息增益值做比较，在分裂信息值比较稳定的情况下，可以做出合理的比较。Gini 指标衡量数据集某属性按照某个取值标准分组后造成的属性值不纯度的降低，这个指标是衡量取值指标的合理性。

使用决策树归纳最经典的应用算法是哈夫曼树和哈夫曼编码。决策树归纳重点在于数据集使用什么标准分组可以做到信息存储、规约等达到某种最优的情况。

决策树归纳算法在剪枝处理时可以考虑设置剪枝的阈值，其值可以考虑从 Gini 指标中进行选取，当小于阈值时自动剪枝；也可以考虑使用其他指标作为剪枝的标准，如复杂度、错误率、剪枝代价等。

因为一般决策树归纳的数据集大小是超过算法运行机器的内存的，所以其算法必须考虑存储空间的限制问题，算法一定要有可伸缩性。推荐的做法：

① 数据集必须是有序的，无序的数据集要先做排序；

② 算法需要指定一次性处理数据集的大小，最好检查机器内存和机器运行应用的情况后适当指定；

③ 算法一定要指定一块公共区域存储每一个数据集片段处理的结果，最好这个区域不在内存中；

④ 每次处理的数据集应该基于一致的分组标准划分出来的。

（2）贝叶斯分类方法：统计学分类方法，基于贝叶斯定理。朴素贝叶斯分类法假定一个属性值对给定类的影响独立于其他属性值，这个假设条件称为类条件独立性。此假设有助于简化计算。因为这个处理方法来自统计学，所以需要一定的数学理解能力，最好有统计学方面的基础。

设 X 是数据元组，令 H 为某种假设。$P(H|X)$ 是一种后验概率，表示在条件 X 下实际发生 H 事件的概率，表示 H 的后验概率。$P(H)$ 表示 H 的先验概率，后验概率 $P(H|X)$ 比 $P(H)$ 要基于更多的事实条件，但是 $P(H)$ 是独立于 X 的。类似的，$P(X|H)$ 是条件 H 下 X 的后验概率。

贝叶斯定理在数据分析和分类问题中的应用通常涉及将数据元组从整体分解为更小的组或条件，然后计算这些小组内的情况，最后将结果合并到更大的层次。这种方法有助于解决许多问题，但需要考虑定理的基本假设条件。

贝叶斯分类法是一种有用的方法，但它也有一定的局限性。这一方法建立在特定假设的基础上，例如条件独立性假设，这在实际环境中可能会受到一些扰动。因此，准确度在某些情况下可能会受到挑战。尽管如此，贝叶斯分类法仍然是一个强大的工具，可以应用于许多不同的数据分析和分类问题。尽管它不能解决所有问题，但它至少是一种值得尝试的方法。

贝叶斯信念网络说明联合条件概率分布，允许在变量的子集间定义类条件独立性，提供一种因果关系的图形化模型，可以对其进行学习，训练后的贝叶斯信念网络可以用于分类。

（3）基于规则的分类方法：使用一组 IF-THEN 规则进行分类。具体形式是：

$$\text{IF 条件 THEN 结论}$$

如果对于给定的元组，规则前件中的条件都成立，则称规则前件被满足且规则覆盖该元组。这是一个全覆盖的情况，大部分的情况属于部分覆盖。为了测定规则在元组中覆盖的情况，提出了两个指标，一个是覆盖率，一个是准确率。规则的覆盖率是规则覆盖元组的百分比，规则的准确率是覆盖的元组和其中可以正确分类的元组之间的百分比。

当有多个规则同时被触发的时候，需要解决冲突的策略来决定激活哪一个规则并指派它对 X 的类预测。现有很多种策略，这里说一下规模序和规则序两种。规模序方案将最高优先权赋予具有最苛刻要求的触发规则，其中苛刻性以规模前件的规模来度量，即激活具有最多属性测试的触发规则。规则序方案预先确定规则的优先测序，可以以各种规则的指标进行衡量，如重要性、普遍性、规则准确率等。

基于规则的分类器可以从决策树提取规则或者使用顺序覆盖算法的规则归纳建立。决策树做规则分类的好处在于决策树上的每个分支的节点都是规则，而且这些规则是相互独立的，这些规则可以利用规模序和规则序的策略。使用顺序覆盖算法可以直接从训练数据提取 IF-THEN 规则。顺序覆盖算法是最广泛使用的挖掘分类规则析取集的方法。顺序覆盖算法的一般策略如下：一次学习一个规则，每当学习一个规则时，就删除该规则覆盖的元组，并对剩下的元组重复该过程。在实际操作过程中，可以考察将新规则引入之后，检查这种分类情况是不是变得更好，如果更好就保留新规则，如果不好就舍弃掉这种新规则。

（4）向后传播分类方法：一种神经网络学习算法。神经网络是一组连接输入/输出单元，其中每个连接都与一个权重相关联。在学习阶段，通过调整这些权重可以预测输入元组的正确类标号。由于是单元之间的连接，神经网络学习又称连接者学习。神经网络需要很长的训练时间，主要靠经验确定，因此其解释性很差，但是因为其对噪声数据的高承受力和对未经训练数据的分类能力，被广泛用于处理现实世界的数据。

多层前馈神经网络由一个输入层、一个或多个隐藏层、一个输出层组成。多层前馈神经网络能够将类预测作为输入的非线性组合建模，从统计学上讲，这些输入进行非线性回归。当给定足够多的隐藏单元和足够多的训练样本，多层前馈神经网络可以逼近任何函数。整个处理过程其实是一个尝试的过程，没有明确的规则。

根据描述，可以得到算法的核心思想是非线性回归：先预设一些权值，然后将一组数据代入进去，取得这组数据权值下方差的大小；然后尝试修改权值，将同组数据代入，只要方差比未修改之前小就修改权值，否则维护原来的权值，寻找新的权值方案。最终会获得一个比较稳定的权值方案，在给定范围内再次修改权值，其方差变化小于误差的允许范围。这些都是非线性回归函数以及函数极限的相关定义。

由于这种非线性回归的权值方案是一个黑盒程序，所以人们对其权值的取值非常感兴趣，想提取权值方案。这个时候可以采用网络剪枝的方式处理。只要去掉的权值部分对整个权值方案预测的影响在误差的允许范围内就可以剪掉，这样处理下来，会得到覆盖范围最大的权值方案。

（5）支持向量机分类方法：一种线性和非线性数据的新分类方法。支持向量机使用一种非线性映射，将原训练数据映射到较高的维。在新的维上，搜索线性最佳分离超平面。使用一个适当的足够高维的非线性映射，两类的数据总可以被超平面分开。支持向量机使用支持向量（基本训练元组）和边缘（由支持向量定义）发现该超平面。

支持向量机通过搜索最大边缘超平面来处理分类问题。最大边缘超平面相关联的边缘可以给出类之间最大的分离。边缘是从超平面到其边缘一个侧面的最短距离等于从该超平面到其边缘另一个侧面的最短距离，其中边缘的侧面平行于超平面。本质上，支持向量是最难分类的元组，并且给出最多的分类信息。当维数增多时，超维平面会转化到多维空间之中，具体的数据也会转化为超维平面上的线。因为这种转化会带来更高的计算开销，所以一定要采用一些数学上的立体空间几何定理来削减计算量。

（6）基于关联规则分析的分类方法：基本思想是搜索频繁模式与类标号之间的强关联。关联规则的产生和分析的主要目的是分类。由于关联规则考察了多属性之间的高置信度关联，可能克服决策树归纳一次只考虑一个属性的局限性。关联分类的代表性方法有基于关联的分类方法 CBA 方法、基于多关联规则的分类方法 CMAR 方法、基于预测关联规则的分类方法 CPAR 方法。

CBA 方法是最早、最简单的关联分类算法，是使用频繁项集挖掘的迭代方法，类似于 Apriori 算法，多遍扫描数据集，导出频繁项集用来产生和测试更长的项集。CBA 方法使用启发式方法构造分类器，其中规则按照其置信度和支持度递减优先级组织。CMAR 方法是基于多关联规则的分类方法，借助树结构有效存储和检索规则，使用多种规则剪枝策略。CMAR 方法常用的剪枝策略用置信度、支持度、覆盖率等指标进行衡量，一旦不满足指标就启动剪枝操作。CMAR 方法寻找到的规则一般遵循最大置信度的要求。CPAR 方法采用了不同的规则，其算法是每当产生一个规则的时候，就删除其覆盖的元组，如果不删除，那么就降低这个元组的权重值，递归处理，直至分类完毕。最后将规则合并形成分类器的规则集。

（7）惰性学习法。前面提到的分类方法，如决策树归纳、贝叶斯分类、基于规则的分类、向后传播分类、支持向量机分类、基于关联规则分析的分类，都是在接收待分类新元组之前构造泛化模型，这些分类方法统称为急切学习法。与之相对，学习程序直到对给定的检验元组分类之前的最后一刻才构造模型，然后根据模型进行分类处理，这称之为惰性学习法。在分类会预测时，惰性学习法的计算开销可能非常大，需要有效的存储技术和适合的并行硬件支持，支持增量学习，可以对超多边形形状的复杂决策空间建模。惰性学习法的主要代表是 K 最近邻分类法和基于案例的推理分类法。

K 最近邻分类法，广泛用于模式识别领域，算法思想如下：通过给定的检验元组和它相似的训练元组进行比较来学习。训练元组用 N 个属性描述，每个元组代表 N 维空间一个点，这样数据就转换到 N 维空间中。当给定一个未知元组时，K 最近邻分类法搜索该模式空间，找出最接近未知元组的 K 个训练元组，这 K 个训练元组是未知元组的 K 个最近邻。N 维空间中两个元组的最近距离可以采用空间立体几何中点与点的距离计算，不断进行累计。也可以对不同属性赋予不同权值调整误差率，还可以采用一些指标进行剪枝，如距离的阈值等信息。

基于案例的推理分类法使用一个问题解的数据库来求解新问题。当给定一个待分类的新案例时，基于案例的推理分类法首先检查是否存在一个同样的训练案例。如果找到则返回附在该案例上的解。如果找不到同样的案例，则基于案例的推理分类法将搜索具有类似于新案例成分的训练案例。在寻找类似案例的时候存在着需要解决的问题，是算法的关键之处。这种分类方法适用于专业领域的场景，如教育、医学、法律等。

（8）其他分类方法：除上述方法外，还可以使用遗传算法、粗糙集方法、模糊集方法等方式实现分类。

遗传算法试图利用自然进化的思想。首先创建由随机产生的规则组成的初始群体，每个规则用一个二进制串表示。然后根据适者生存的原则形成当前群体最适合的规则以及这些规则的后代组成新的群体。在典型情况下，用规则的拟合度评估训练样本集分类的准确率。后代通过使用交叉、变异等遗传操作来创建。遗传算法易于并行，并且已用于分类和其他优化问题，还可以评估其他算法的拟合度。

粗糙集方法用于分类，发现不准确数据或噪声数据内的结构联系，用于离散值属性。粗糙集理论基于给定训练数据内部的等价类的建立。等价类内部的数据元组是不加区分的。等价类元组包含一个近似的上限，也存在一个近似的下限，这样会形成一个数据区域，在这个数据区域内的数据被认定为等价。

模糊集方法允许处理模糊或不精确的实施。这种方法使用模糊理论，适用于许多分类领域，如市场调查、财经、卫生保健和环境工程。

4.2.3.3 分类器或预测器准确率的度量方法

用于评估分类模型性能的主要度量方法主要包括精确度 P、召回率 R 以及 F1 分数值。

（1）精确度（precision，P）。精确度是指分类模型正确预测为正类别的样本数量与所有预测为正类别的样本数量之比。它衡量了模型的准确性，即在所有被分类为正类别的样本中，有多少是真正的正类别。精确度的计算公式为：

$$P = \frac{\text{TP}}{\text{TP}+\text{FP}}$$

其中，TP（true positives）表示正确预测为正类别的样本数量；FP（false positives）表示错误预测为正类别的样本数量。

（2）召回率（recall，R）。召回率是指分类模型正确预测为正类别的样本数量与实际正类别样本总数之比。它衡量了模型对正类别样本的识别能力，即在所有真正的正类别样本中，有多少被正确预测为正类别。召回率的计算公式为：

$$R = \frac{\text{TP}}{\text{TP}+\text{FN}}$$

其中，TP（true positives）表示正确预测为正类别的样本数量；FN（false negatives）表示错误预测为负类别的样本数量。

（3）F1 分数。F1 分数是综合考虑了精确度和召回率的度量，它是精确度和召回率的调和平均值。F1 分数的计算公式为：

$$\text{F1} = \frac{2PR}{P+R}$$

F1 分数的取值范围在 0 到 1 之间，越接近 1 表示模型的性能越好。

4.2.3.4 分类和预测的区别

比较两个分类模型的准确率可以通过正确率本身的分布情况来看：第一种方法是从统计学入手，检查正确率分布的显著性差异，假设其误差率为 0 进行 t 检验，当拒绝该假设之后，比较两者之间的误差率，然后选取误差率较小的；第二种方法是通过 ROC 曲线判定，ROC 曲线显示了给定模型的真正率或灵敏度之间的比较评定，即模型正确识别实例的比例与模式将实例识别错误的比例之间的评估比较。

分类和预测是两种不同类型的数据分析任务，以下是分类和预测之间的主要区别：

（1）输出属性类型：分类任务的输出是离散的、无序的类别标签，而预测任务的输出是连续的、有序的数值。

（2）应用领域：分类技术在诸如客户细分、产品分类、入侵检测等许多领域中都有应用。而预测则主要用于估计某些空缺或未知值，如股票价格、销售额等。

（3）构建模型的方式：分类算法的训练阶段是通过已知的数据集来建立分类模型的，这个过程主要是通过寻找数据的特征来进行分类的。而预测算法也是通过已知数据来训练模型，但这个模型用于预测连续或有序的数据。

（4）数据类型的处理：分类算法更适合处理离散的数据类型，如二进制或文本数据。而预测算法则更适合处理连续的数据类型，如浮点数或实数。

（5）预测结果的准确性：分类算法的准确率是通过正确分类的测试数据集来评估的，而预测算法的准确率则是通过比较预测值与实际值的差异来评估的。

总之，分类和预测是两种不同的数据分析技术，需要根据具体的应用场景和数据类型来选择合适的算法。

4.2.4　异常检测

异常检测（outlier detection），顾名思义，是识别与正常数据不同的数据、与预期行为差异大的数据。识别如信用卡欺诈、工业生产异常、网络流量的异常（网络侵入）等问题，针对的是少数的事件。

异常检测需要满足两个基本的假设：①异常在整个数据集中发生频率是很小的。②异常数据的特征显著区别于正常数据。

根据数据特征数量的多少又可以将异常检测区分为单变量（univariate）和多变量（multivariate）异常检测问题，但由于客观世界的复杂性，绝大多数情况下面对的都是多变量问题。

常见的异常主要包括点异常、上下文异常和群体异常。

（1）点异常指的是少数个体实例是异常的，大多数个体实例是正常的，例如正常人与患者的健康指标。

（2）上下文异常指的是在特定情境下个体实例是异常的，在其他情境下都是正常的，例如在夏天每天花 10 块钱买冰激凌吃是正常的，在冬天这么做是异常的。

（3）群体异常指的是一组相关数据相对于整体而言是异常的，而单独的数据点本身可能是正常的。

异常检测算法有很多种，按照算法思路大致可以分为以下四类：基于最近邻的算法、基于聚类的算法、基于分类的算法以及基于统计学的算法。另外，也可以根据训练模式将算法分为有监督、无监督以及半监督三类。

（1）基于最近邻的算法包括 K 近邻算法和 LOF 算法。

K 近邻（KNN）算法是最简单的异常检测算法之一，基本思路是对每一个点，计算其与最近 K 个相邻点的距离，通过距离的大小来判断它是否为离群点。KNN 也是一种懒算法，即 KNN 在训练过程中主要是存储数据集，并不会做过多的事情。

K 近邻算法计算简单，但基于邻近度的方法需要 $O(m^2)$，不适用于大数据集，同时，算法对参数的选择比较敏感，不能处理具有不同密度区域的数据集，因为它使用全局阈值，不能考虑这种密度的变化。

LOF（局部离群因子）算法与 K 近邻算法类似，不同的是它以相对于其邻居的局部密度偏差而不是距离来进行度量。它将相邻点之间的距离进一步转化为"邻域"，从而得到邻域中点的数量（即密度），认为密度远低于其邻居的样本为异常值。

LOF 算法给出了对离群度的定量度量，能够很好地处理不同密度区域的数据，但算法对参数的选择比较敏感。

（2）基于聚类的算法是将数据点划分为一个个相对密集的"簇"，而那些不能被归为某个簇的点，则被视作离群点。这类算法对簇个数的选择高度敏感，数量选择不当可能造成较多正常值被划为离群点或成小簇的离群点被归为正常。因此对于每一个数据集需要设置特定的参数，才可以保证聚类的效果，在数据集之间的通用性较差。聚类的主要目的通常是寻找成簇的数据，而将异常值和噪声一同作为无价值的数据而忽略或丢弃，在专门的异常检测中使用较少。

基于聚类的算法能够较好发现小簇的异常；通常用于簇的发现，而对异常值采取丢弃处理，对异常值的处理不够友好；产生的离群点集和它们的得分可能非常依赖所用的簇的个数和数据中离群点的存在性；算法产生的簇的质量对该算法产生的离群点的质量影响非常大。

（3）基于分类的算法。所有传统机器学习中的分类算法也都可以用于异常检测，如决策树、贝叶斯网络。其缺点是异常检测场景下数据标签是不均衡的，所以在应用时需要尤其注意如何处理不平衡数据集。

（4）基于统计学的算法。统计学方法对数据的正常性做出假定。它们假定正常的数据对象由一个统计模型产生，而不遵守该模型的数据是异常点。统计学方法的有效性高度依赖于对给定数据所做的统计模型假定是否成立。

异常检测的统计学方法的一般思想是，学习一个拟合给定数据集的生成模型，然后识别该模型低概率区域中的对象，把它们作为异常点。即利用统计学方法建立一个模型，然后考虑对象有多大可能符合该模型。

4.3　信息安全

随着能源需求的增长和环保意识的提高，新能源系统得到了广泛关注和应用。新能源系统包括太阳能和风能等可再生能源的开发和利用，逐渐减少对传统能源的依赖。

① 太阳能系统：太阳能系统利用太阳能光伏电池来产生电力，广泛用于屋顶太阳能电池板、太阳能发电站等应用。

② 风能系统：风能系统使用风力来产生电能，风力发电机被部署在风能资源丰富的地区，如风电场。

③ 水力能源系统：水力能源系统利用水流或水位差来产生电力，包括水力发电站等。

④ 生物质能源系统：生物质能源系统使用有机材料如木材、秸秆、废弃物等来生产生物质燃料和生物质电力。

⑤ 地热能系统：地热能系统利用地下热能来供热或产生电能，通过地热井和热泵等设备实现。

⑥ 潮汐能系统：潮汐能系统使用海潮涨落来产生电力，通常部署在海岸地区。然而，随着新能源系统的快速发展，其信息安全问题也越来越突出。

新能源系统的信息安全问题主要包括数据安全、网络安全和物理安全等方面。因为新能源系统通常是通过信息技术实现智能化管理和控制的，所以数据的保护至关重要。此外，新能源系统也面临着来自网络攻击和物理破坏的威胁，因此网络安全和物理安全也必须得到重视。

本节旨在研究新能源系统信息安全与防护技术，提出有效的解决方案，确保新能源系统的稳定运行和可靠性。

4.3.1 数据安全

常用的信息安全与数据保护技术主要包括数据加密与身份验证技术、数据备份与恢复技术以及对安全漏洞的及时修复技术。

数据是新能源系统中最重要的资产之一，对数据的保护成为信息安全的首要任务。为了确保数据的机密性和完整性，可以采用数据加密技术。通过对数据进行加密，即使攻击者获得了数据，也无法对其进行解读和利用。此外，为了确保数据的真实性和防止未经授权的访问，身份验证技术也非常重要。例如，可以采用双因素身份验证，使用密码、生物特征和硬件令牌等多重因素对用户进行验证，确保只有合法用户能够访问系统。

数据备份是一种常用的防护措施，可以保证在数据丢失或受损的情况下能够快速恢复。对于新能源系统来说，及时进行数据备份非常重要，特别是在发生重大事故或遭受攻击时。此外，还需要进行数据恢复能力的测试，确保备份数据的有效性和完整性。

随着新能源系统的复杂性增加，安全漏洞也会越来越多。因此，及时修复安全漏洞是保证系统安全的关键。研发团队需要定期进行安全漏洞扫描和评估，及时修复已知漏洞，并对新漏洞进行适当的应对措施。同时，建立安全漏洞的报告和响应机制也是必要的，以便及时进行处理。

4.3.2 网络安全

在新能源系统中，网络是不可或缺的组成部分，也是攻击者最容易入侵和攻击的目标之一。为了保护新能源系统的网络安全，可以采用防火墙和入侵检测系统。防火墙可以监控网络流量，并根据预先设定的规则，阻止潜在的攻击流量进入系统。入侵检测系统可以检测和报告网络中的异常活动，及时发现潜在的攻击。

网络安全的薄弱环节往往是最容易被攻击的环节，因此加强用户的安全意识培训和教育非常重要。通过定期的培训和教育，用户可以学习有关网络安全的知识和最佳实践。同时，还需要加强对新能源系统运维人员的培训，提高其对网络安全的重视和信息安全意识。

为了确保新能源系统的网络安全，漏洞管理和红队演练也是必要的。漏洞管理可以帮助及时发现和修复系统中的漏洞，提高系统的抗攻击能力。红队演练则是模拟真实攻击情景评估系统的安全性和响应能力，发现潜在的安全风险。

4.3.3　物理安全

新能源系统通常包括大量的设备和控制系统，这些设备和系统的安全性对系统的可靠运行至关重要。为了确保设备的安全，可以采用各种物理安全措施。例如，使用安全锁和访问控制系统，限制非授权人员对设备的物理访问；定期对设备进行巡检和维护，发现和修复潜在的物理安全问题。

视频监控和告警系统可以帮助提高新能源系统的物理安全性。通过安装摄像头和传感器，监控系统的关键区域和设备。一旦发现异常活动或物理入侵，系统可以及时发出告警，通知相关人员采取适当的措施。

因此，新能源系统的信息安全与防护技术是确保系统稳定运行和可靠性的关键。通过加强数据安全、网络安全和物理安全等方面的工作，可以有效地预防和应对各种安全威胁。同时，加强安全意识培训和教育，提高系统运维人员和用户的安全意识，也是确保新能源系统信息安全的重要环节。只有做好信息安全工作，才能让新能源系统更好地发挥作用，实现可持续发展的目标。

🎯 本章小结

数据挖掘与信息安全为新能源系统领域的交汇提供了有力的工具和技术，用于保障新能源系统的稳定运行和可靠性。数据挖掘方法与算法的应用有助于预测新能源技术的发展趋势、用户的可持续能源偏好，并为优化新能源项目和发现可再生能源商机提供了支持。同时，随着新能源系统的迅速发展，其信息安全问题也变得愈发突出，包括数据、网络和物理层面的风险。因此，研究新能源系统信息安全与防护技术至关重要，以应对网络攻击和物理破坏的威胁，确保新能源系统的可持续性。这个领域的融合不仅有助于新能源的可持续发展，也强调了数据挖掘与信息安全在面对当代能源挑战中的重要作用。

通过本章学习，学生应掌握新能源材料发现中常用数据挖掘方法以及信息安全技术。

？ 思考题

(1) 数据挖掘过程中可能面临哪些安全威胁？

(2) 如何确保数据挖掘中的数据隐私？

(3) 数据挖掘中的模型安全如何保障？

(4) 数据挖掘与大数据安全之间的关系是什么？

(5) 如何平衡数据挖掘的效用与安全性？

第 5 章

人工智能

学习目标

(1) 了解人工智能技术的发展史。

(2) 理解机器学习相关方法和原理。

(3) 理解深度学习相关方法和原理。

5.1 人工智能技术概述

人工智能（artificial intelligence，AI）是一门研究如何使计算机能够模拟人类智能的学科。它涉及计算机科学、认知心理学、哲学、神经科学等多个领域，旨在开发出能够模仿、理解、学习和应用人类智能的技术和系统。

人工智能的核心目标是使计算机能够像人类一样思考、理解、学习和解决问题。它的研究范围包括机器学习、知识表示与推理、自然语言处理、计算机视觉、专家系统、智能机器人等。通过这些技术的应用，人工智能可以处理和分析大量的数据，自动化决策过程，提供智能化的解决方案。

人工智能的发展历程可以追溯到 20 世纪 50 年代，1956 年美国计算机科学家约翰·麦卡锡等人在达特茅斯会议上提出了人工智能的概念。随着计算机技术的不断进步和算法的不断创新，人工智能得到了迅猛发展。现在，人工智能已经广泛应用于各个领域，如医疗保健、金融、交通、材料、制造业等。

人工智能的应用领域非常广泛。在医疗保健领域，人工智能可以通过分析大量的医疗数据，辅助医生进行诊断和治疗决策，提高医疗效率和准确性。在金融领域，人工智能可以通过分析市场数据和用户行为，预测股市走势和风险，帮助投资者做出更明智的投资决策。在交通领域，人工智能可以通过智能交通系统和自动驾驶技术，提升交通流畅性和安全性。在材料领域，人工智能可以通过分析已有材料的结构和性能，设计适用于特定应用的新型材料。在制造业领域，人工智能可以应用于智能制造和机器人技术，提高生产效率和质量。

人工智能的发展带来了巨大的机遇和挑战。一方面，人工智能的应用可以提高生产力、改善生活质量，为人类带来更多的便利和福利。另一方面，人工智能也带来了一些问题，如数据隐私和安全性、人机关系和伦理道德等。因此，人工智能的发展需要在技术创新的同时，注重法律法规和伦理规范的制定和遵守，保障人类的权益和社会的稳定。

未来，人工智能将继续发展壮大，成为推动社会进步和经济发展的重要力量。随着深度学习、自然语言处理、计算机视觉等技术的不断突破，人工智能将在更多领域发挥作用，为人类创造更多的价值。同时，人工智能的发展也需要人们共同努力，加强跨学科合作，推动人工智能的研究和应用，为构建智能化的未来社会做出贡献。

5.1.1 人工智能的发展史

人工智能的发展大致经历了三个重要阶段。

（1）20 世纪 50～70 年代（人工智能的"逻辑推理"时代）：1956 年夏天，美国达特茅斯学院举行了历史上第一次人工智能研讨会，被认为是人工智能诞生的标志。在会上麦卡锡首次提出了"人工智能"概念，纽厄尔和西蒙则展示了编写的逻辑理论机器。人们当时认为只要机器具有逻辑推理能力就可以实现人工智能，但后来发现这样还远远达不到智能化水平。

（2）20 世纪 70～90 年代（人工智能的"知识工程"时代）：专家系统的出现使人工智能研究出现新高潮。DENDRAL 化学质谱分析系统、MYCIN 疾病诊断和治疗系统、PROSPECTIOR 探矿系统、Hearsay-Ⅱ语音理解系统等专家系统的研究和开发，将人工智能引向了实用化。人们当时认为要让机器学习知识，才能让机器变得智能化，但后来发现将总结好的知识灌输给计算机十分困难。

（3）2000 年至今（人工智能的"数据挖掘"时代）：由于各种机器学习算法的提出和应用，特别是深度学习技术的发展，人们希望机器能够通过大量数据分析，自动学习知识并实现智能化水平。这一时期，随着计算机硬件水平的提升，大数据分析技术的发展，机器采集、存储、处理数据的水平有了大幅提高。2012 年，AlexNet 在ImageNet 竞赛中夺冠，标志着深度学习技术的崛起。2016 年，AlphaGo 击败围棋冠军李世石，引发了全球对 AI 的广泛关注。2020 年后，大语言模型（如 GPT-3、ChatGPT、DeepSeek 等）和多模态技术的快速发展，进一步推动了通用人工智能的探索。

深度学习的概念来源于对人工神经网络的研究。神经网络与深度学习相同的特点是采用相似的层次，但不同的地方是深度学习采用不同的训练机制，具有较强的表达能力。传统神经网络在机器学习领域曾经是一个热门的研究方向，但由于参数调整困难、训练速度慢等原因，传统的神经网络已经逐渐退出了机器学习领域的历史舞台。深度神经网络模型已成为人工智能领域的一个重要的前沿。

麻省理工学院技术评论曾将深度学习列为 2013 年十大突破性技术之首。随着深度学习技术的成熟，人工智能逐渐从尖端技术开始流行起来。公众对人工智能最深刻的理解就是 AlphaGo 和李世石之间的比赛。AlphaGo 有两个深层神经网络：评估棋盘形势的价值网络和选择落子位置的策略网络。它们在结合了人类专家比赛棋谱和自我对弈中进行强化学习。也就是说，人工智能的存在使得 AlphaGo 的围棋学习水平不断提高。

5.1.2　人工智能技术的分类

人工智能技术可以通过多种方式进行分类。

一种常见的分类方式是将人工智能技术分为弱人工智能技术和强人工智能技术。弱人工智能，也称为窄人工智能，是为特定任务设计和训练的人工智能技术。日常生活中使用的虚拟个人助理，如 Apple 的 Siri，就是一种弱人工智能系统。强人工智能，也称为人工智能，是一种具有广泛的人类认知能力的人工智能技术。当提出一项不熟悉的任务时，它具有足够的智能来寻找解决方案。换句话说，强人工智能技术能够让计算机真正像一个人一样思考。

第二种分类方式来源于美国密歇根州立大学综合生物学和计算机科学与工程助理教授 Arend Hintze 的分类方法。他将人工智能技术按照智能化程度分为四类：被动应激（reactive machines）、有限记忆（limited memory）、心理理论（theory of mind）以及自我表征（self-awareness）。

5.1.2.1　被动应激

最基础的人工智能系统可以理解为是被动应激的，既不能形成记忆，也不能利用过去经验来为当前决策提供信息。例如，IBM 的国际象棋超级计算机 Deep Blue 在 20 世纪 90 年代末击败了国际大师加里·卡斯帕罗夫是这类人工智能系统的完美典范。Deep Blue 可以识别国际象棋棋盘上的棋子并知道每个棋子的动作。它可以预测它及其对手的下一步可能是什么，从而可以从各种可能性中选择最佳的动作。但它没有任何过去的经验，也没有任何关于过去发生的动作的记忆。除了很少使用国际象棋特定的规则——不能重复相同的移动三次，Deep Blue 在处理每一步行棋之前会忽略一切。它所做的只是了解现在国际象棋棋盘上的棋子布局，并从可能的下一步动作中进行选择。

这种类型的人工智能技术直接感知世界并根据其看到的行为行事，而不依赖于世界的内在概念。人工智能研究员 Rodney Brooks 曾在论文中指出，人类应该只建造这样的机器，其主要原因是人们并不擅长为计算机编写准确的模拟世界，即在人工智能环境下才能被计算机处理的"世界"。

目前，即使是最优秀的人工智能也仅仅具有非常有限和专门的类似概念。Deep Blue 设计的创新并不是要扩大计算机所考虑的可能影响范围，相反，开发人员找到了一种方法来缩小其观点，停止追求一些潜在的未来动作，所有的一切是基于对直接结果的评价。如果没有这种能力，Deep Blue 只能等待硬件的革命，成为一台更强大的计算机才能击败卡斯帕罗夫。

类似的，谷歌的 AlphaGo 已经击败了顶级人类围棋专家。然而，它也无法评估所有潜在的未来动作，只是它的分析方法比 Deep Blue 更复杂，使用神经网络来评估棋局发展。

因此，上述这些计算机化的人工智能没有广阔世界的概念，这意味着它们不能超越它们所分配的特定任务，并且容易找到被欺骗的方法。这些人工智能技术无法以交互方式参与这个世界。换句话说，每次遇到相同情况时，这些人工智能系统的行为方式都完全相同。这对于确保人工智能系统的可靠性确实非常有用，比如自动驾驶就会变得非常可靠。

5.1.2.2　有限记忆

第二类人工智能技术是有限记忆的。换句话说，这类人工智能系统能够回顾过去。目前，自动驾驶汽车已经实现了这类技术。例如，自动驾驶汽车能够持续观察其他车辆的速度和方向以确定自身的行驶方式。这需要汽车能够识别马路上特定对象并随着时间的推移监控这些对象的运动轨迹。这些观察结果需要被不断添加到自动驾驶汽车的程序运行过程中。此外，当自动驾驶汽车决定何时改变车道，它还需要识别包括车道标记、交通信号灯在内的其他重要元素，如道路曲线等。需要注意的是，这些关于其他车辆和车道的信息均是简单且暂时的，无法作为汽车可以学习的经验库的一部分而保存，因此，这类人工智能技术记忆的信息是有限的。

5.1.2.3　心理理论

更先进的人工智能技术不仅形成了关于世界的表征，还形成了对世界上其他人或实体的表征。在心理学中，这被称为心理理论，即理解世界上的人、生物和物体来影响自己行为的思想和情感。这种特性对于人类形成的社会有至关重要的意义，帮助人类进行社交互动。如果不了解对方的动机和意图，并且没有考虑到其他人对我或环境的了解，那么一起工作是困难的，甚至是不可能的。如果未来的人工智能确实生活在人类中间，那么它必须能够理解每个人的想法和感受，以及人类期望被对待的方式，从而相应地调整人工智能自身的行为。

5.1.2.4　自我表征

人工智能技术开发的最终目标是构建可以形成自我表征的系统。这种人工智能不仅要了解意识，还要构建拥有意识的来源。从某种意义上说，这是第三类人工智能所具有的心理理论的延伸。意识也被称为自我意识，换句话说，"我想要"与"我知道我想要"是两个完全不同阶段的意识。有意识的人工智能能够意识到自己，去了解它们的内部状态，并且能够预测他人的感受。例如，如果有人在鸣喇叭，人工智能系统能预测到其他人可能会产生的愤怒或不耐烦情绪，因为这是人类在听到喇叭声时的感受。没有心理理论，就无法做出上述推论。

5.2 机器学习

机器学习（machine learning）是人工智能的重要分支领域，它关注如何通过计算机算法和模型，使计算机具备从数据中学习和自动改进的能力。机器学习通过分析和解释数据模式，实现对未知数据的预测、分类、聚类、优化等任务。

机器学习的核心思想是通过从大量的数据中学习规律和模式，计算机能够自动地进行决策和推理。机器学习的过程主要包括数据预处理、特征提取、模型构建、模型训练和模型评估等步骤。其中，数据预处理是对原始数据进行清洗、归一化、去噪等操作，以保证数据的质量和可用性；特征提取是从原始数据中提取出有用的特征，以帮助模型更好地学习和泛化；模型构建是选择适当的模型类型，并根据具体任务进行模型设计和参数调整；模型训练是通过将数据输入模型进行迭代优化，使模型能够逐渐提高性能；模型评估是通过对模型在测试集上的表现进行评估，判断模型的泛化能力和性能。

常用的机器学习算法主要分为监督学习、无监督学习、半监督学习和强化学习四类。监督学习是指通过已知的输入和输出样本对模型进行训练，从而使模型能够对新的输入数据进行预测或分类。无监督学习是指在没有标签的情况下，从数据中发现隐藏的模式和结构，进行聚类、降维、异常检测等任务。半监督学习是介于监督和非监督之间的学习方式，利用少量标签样本和大量无标签样本训练模型进行模式识别等工作。强化学习是指通过与环境的交互、试错和奖励机制来学习最优的行为策略。

目前，机器学习在各个领域都有广泛应用。例如，在医疗领域，机器学习可以通过分析大量的医疗数据，辅助医生进行疾病诊断和治疗决策；在金融领域，机器学习可以通过分析市场数据和用户行为，预测股市走势和风险，帮助投资者做出更明智的投资决策；在推荐系统领域，机器学习可以通过分析用户的历史行为和兴趣，为用户提供个性化的推荐服务；在计算机视觉领域，机器学习可以通过分析图像和视频数据，实现人脸识别、物体检测、图像生成等任务；在自然语言处理领域，机器学习可以通过分析文本数据，实现情感分析、机器翻译、智能问答等任务。

机器学习的发展离不开大数据和计算能力的支持。互联网和移动设备的普及产生了海量的数据，这些数据对于机器学习的训练和模型的优化起到了重要作用。同时，计算能力的提升也为机器学习算法的训练和推理提供了更大的计算资源和效率。

然而，机器学习也面临一些挑战和问题。首先，机器学习算法需要大量的标注数据进行训练，而标注数据的获取和质量对于算法的性能和泛化能力至关重要。其次，机器学习算法的解释性和可解释性也是一个重要的问题，特别是在一些对人类生命和财产安全有直接影响的领域，如自动驾驶、医疗诊断等。此外，机器学习算法的公平性和道德性也是一个值得关注的问题，如避免算法的偏见和歧视，保护用户的隐私等。

总之，机器学习作为人工智能的重要分支，已经在各个领域展现出巨大的应用潜力。随着技术的不断进步和创新，机器学习将继续发展，为人类创造更多的价值。同时，机器学习的发展也需要人们共同努力，加强对算法的研究和监管，确保机器学习的应用能够符合伦理和法律的要求，为人类社会的发展和进步做出贡献。

5.2.1　监督学习

监督学习是机器学习中的一种方法，它通过使用带标签的数据来训练模型，以便模型能够预测新数据的标签。具体来说，对于输入变量（X）和输出变量（Y），可以通过监督学习算法建立输入到输出的映射，即使用带标签的数据来"监督"面模型的训练过程。简单来说，监督学习是一种从已知输入和输出数据中学习的方法，以便在给定新输入时预测输出。

常见的监督学习算法主要包括以下几类。

5.2.1.1　线性回归

线性回归（linear regression）是一种用于预测连续型因变量（目标变量）的监督

学习算法，常用于处理连续型输出的回归问题。通过建立输入特征与输出之间的线性关系，最小化预测值与实际值之间的误差来拟合模型。其基本形式是：

$$y = a + b_1 x_1 + b_2 x_2 + \cdots + b_n x_n$$

其中，y 是要预测的目标变量；x_1，x_2，$\cdots$，x_n 是输入特征；a 是截距；b_1，b_2，$\cdots$，b_n 是每个特征的系数，决定了特征如何影响预测。

线性回归最常用的损失函数是均方误差（mean squared error，MSE），用于衡量模型预测值与实际值之间的平方差的平均值。对于 n 个样本，其形式化定义可以表示为：

$$L = 1/n \sum_{i=1}^{n} \left[y_i - \left(a + \sum_{j=1}^{n} b_j x_{ij} \right) \right]^2$$

其中，i 是样本索引；j 是特征索引；y_i 是第 i 个样本的真实值；x_{ij} 是第 i 个样本的第 j 个特征值；b_j 是第 j 个特征的系数。

线性回归的优点：

① 易于实现和理解。

② 对数据的要求较低，只需要数据符合线性关系。

③ 可以提供每个特征对预测的影响的明确解释。

线性回归的缺点：

① 假设数据具有线性关系，这在许多实际问题中可能不成立。

② 对异常值敏感，异常值可能会严重影响模型性能。

③ 无法很好地处理特征之间的交互影响。

线性回归的适用场景：线性回归主要运用在经济学、金融分析、医学研究、市场营销、环境科学、材料科学、质量控制、教育、人力资源管理等领域。

5.2.1.2　逻辑回归

逻辑回归（logistic regression）是一种用于预测二元或多元因变量（目标变量）的监督学习算法，常用于处理二元分类问题。通过使用逻辑函数来建模概率，并将输出限制在 0 到 1 之间，用于预测分类概率。其基本形式是：

$$p = 1 / \left[1 + e^{-(a + b_1 x_1 + b_2 x_2 + \cdots + b_n x_n)} \right]$$

其中，p 是事件发生的概率（如预测分类为正类的概率）；x_1，x_2，$\cdots$，x_n 是输入特征；a 是截距；b_1，b_2，$\cdots$，b_n 是每个特征的系数，决定了特征如何影响预测。

逻辑回归最常用的损失函数是对数损失（log loss），也称为交叉熵损失。对于 n 个样本，其形式化定义可以表示为：

$$L = 1/n \sum_{i=1}^{n} \left[y_i \lg p_i - (1 - y_i) \lg(1 - p_i) \right]$$

其中，i 是样本的索引；y_i 是第 i 个样本的真实类别（设置为 0 或 1）；p_i 是模型预测的第 i 个样本为类别 1 的概率。

逻辑回归的优点：

① 输出可以解释为概率。

② 能够处理分类问题，特别是二元分类问题。

③ 实现简单，容易理解和解释。

逻辑回归的缺点：

① 与线性回归一样，假设数据与特征之间有线性关系，但这不总是成立的。

② 对异常值和相关特征敏感。

③ 多元逻辑回归需要足够的数据来保证稳定性和准确性。

逻辑回归的适用场景：逻辑回归主要运用在医学领域、金融领域、市场营销、自然语言处理、计算机视觉、生物信息学、人力资源管理、环境科学、政府和公共政策等场景。

5.2.1.3　决策树

决策树（decision trees）是一种处理分类和回归问题的非参数模型。其采用树形结构分割数据集，将数据划分为不同的子集，其中最顶层的节点称为根节点，树中每个内部节点表示一个特征（或属性），每个分支代表一个决策规则，每个叶节点代表一个预测结果。决策树主要有两种类型：分类树和回归树。分类树的输出是样本的类别，而回归树的输出是一个实数。

决策树的学习过程通常包括：特征选择、决策树的生成和决策树的剪枝。

（1）特征选择。决策树学习的目标是根据给定的训练数据集构建一个决策树模型，使它能够对实例进行正确的分类。首要任务是如何选择划分属性，或者说，在决策树的每个非叶节点上都需要选择一个属性作为判断标准，这就涉及特征选择问题。

特征选择的目标是选取对训练数据能够提供最有效分类的特征。如果一个特征的取值对于样本类别的影响程度大，则称这个特征具有很好的分类能力，应当优先选择。

因此，可以采用信息增益的方法进行特征选择。

信息增益是决策树学习的核心准则，这种准则试图找出能够获取最多信息的特征，即这个特征使得使用它进行分类后的结果具有最小的不确定性。

假设有一个训练数据集 D，其包含 K 类样本，分别为 $\{C_1，C_2，\cdots，C_k\}$，$|D|$ 表示数据集 D 中样本的个数。假设某个二元分类问题的类别标记为 $\{0，1\}$，那么，数据集 D 的信息熵（entropy）的定义为：

$$H(D) = -\sum_{k=1}^{K} \frac{|C_k|}{|D|} \log_2 \frac{|C_k|}{|D|}$$

其中，$|C_k|$ 表示类别为 C_k 的样本个数；$\log_2$ 是以 2 为底的对数。$H(D)$ 的值越小，数据集 D 的纯度越高。

然后，要考虑特征 A 对数据集 D 的影响。假设 A 有 V 个可能的取值 $\{a_1，a_2，\cdots，a_V\}$，使用特征 A 对数据集 D 进行划分后，会产生 V 个分支，对应 V 个子数据集 $\{D_1，D_2，\cdots，D_V\}$，其中 D_i 包含了所有在特征 A 上取值为 a_i 的样本，那么，可以得到使用特征 A 对数据集 D 进行划分后的条件熵（conditional entropy）：

$$H(D \mid A) = \sum_{i=1}^{V} \frac{|D_i|}{|D|} H(D_i)$$

其中，$H(D_i)$ 是数据集 D_i 的信息熵。

最后，可以定义信息增益（information gain）：

$$g(D，A) = H(D) - H(D \mid A)$$

信息增益 $g(D，A)$ 表示了使用特征 A 进行划分后，数据集 D 的不确定性减少的程度。在决策树学习中，希望得到的划分方法能够最大程度地减少数据集 D 的不确定性，因此，特征选择的目标是在所有可能的特征 A 中，找出信息增益 $g(D，A)$ 最大的那个特征，即：

$$A_g = \text{argmax}\ g(D，A)$$

这样，就得到了决策树划分的最优特征 A_g。

（2）决策树的生成。根据最优特征，可以对数据集进行划分，生成决策树。在每个子数据集上，可以递归地调用以上步骤，形成决策树的各个子树。这一步会持续进行，直到满足：所有样本都属于同一类别，或者没有更多的特征可以用来进一步划分数据。

决策树的生成算法通常采用递归的方式。对于每个节点，选择最佳的划分特征，然后按照该特征的所有可能取值，将数据集划分为若干个子集，对每个子集应用相同的划分过程，形成子节点。递归的停止条件是：所有实例都具有相同的类别，或者所有特征的取值都相同。

但是信息增益有一个问题，就是对可取值数目多的特征有所偏好。例如，如果一个特征值为所有样本的 ID，则这个特征的信息增益最大，但是它并没有任何分类能力。因此，C4.5 算法提出了信息增益比（gain ratio）来解决这个问题，其定义为：

$$g_R(D, A) = \frac{g(D, A)}{H_A(D)}$$

其中，$H_A(D)$ 为特征 A 对数据集 D 的分裂信息度量，定义为：

$$H_A(D) = -\sum_{i=1}^{V} \frac{|D_i|}{|D|} \log_2 \frac{|D_i|}{|D|}$$

其中，V 是特征 A 的可能取值个数，D_i 是 A 取第 i 个值时的样本子集。

在 C4.5 算法中，选择信息增益比最大的特征作为划分特征，即：

$$A_{g_R} = \text{argmax}\, g_R(D, A)$$

（3）决策树的剪枝。决策树生成后，可能会存在过拟合的问题，也就是决策树过于复杂，对训练数据的匹配度过高，导致在测试数据上的泛化能力下降。为了解决这个问题，可以对决策树进行剪枝，以去除过于复杂的部分，达到简化模型、提高泛化能力的效果。

常见的剪枝策略有预剪枝和后剪枝。预剪枝是在生成决策树的过程中，在划分前后对每个节点进行估计，若当前的划分不能带来决策树泛化性能的提升，则停止划分并将当前节点标记为叶节点。预剪枝的优点是计算简单、效率高，但是可能由于停止条件过于保守，而错过了一些能够有效提高决策树泛化性能的划分。

相比之下，后剪枝策略是在生成完决策树后，对决策树从底向上进行简化。具体做法是，对于决策树上的每一个非叶节点，计算如果将其替换为叶节点，决策树的泛化性能是否能够得到提升。如果可以，就将该节点替换为叶节点。后剪枝策略虽然计算量大，但是能够更全面地考虑决策树的泛化性能，因此在一般情况下，后剪枝的效果优于预剪枝。

在后剪枝中，一个常用的方法是代价复杂度剪枝（cost complexity pruning，CCP）。CCP 通过在决策树生成过程中引入一个复杂度参数 α 来控制剪枝的程度。α 值越大，剪枝越严重。CCP 的目标函数的定义为：

$$C_\alpha(T) = C(T) + \alpha|T|$$

其中，$C(T)$是决策树T在训练数据上的误差；$|T|$是决策树T的叶节点个数；α是复杂度参数，用于控制决策树的复杂度和训练误差之间的权衡。当α为0时，目标函数退化为训练误差；当α为无穷大时，目标函数退化为决策树的复杂度。通过改变α值，可以得到一系列的决策树，从完全生长的决策树，到只有一个节点的决策树。

在实际应用中，通常会在交叉验证集上选择一个最优的α值，使得决策树在交叉验证集上的泛化性能最好，然后使用这个α值剪枝得到最终的决策树。

决策树的优点：简单直观，生成的决策树可以可视化展示；数据准备简单，不需要太多的数据预处理；能够处理多类型属性，既可以处理离散型数据也可以处理连续型数据；在相对较短的时间内能够对大型数据源划分出可行且效果良好的结果。

决策树的缺点：容易过拟合，剪枝过程具有很大的主观性；忽略了数据集中属性之间的相关性；对于那些各类别样本数量不一致的数据，在决策树中，信息增益的结果偏向于那些具有更多数值的特征。

决策树的适用场景：决策树主要运用在分类问题、回归问题、多类别分类、特征选择、可解释性要求高的问题、数据预处理等问题中。

此外，常见的监督学习算法还包括支持向量机算法（support vector machine，SVM）和朴素贝叶斯算法（naive Bayes）。支持向量机算法通过找到一个最优的超平面将不同类别的样本分隔开，常用于处理分类和回归问题。朴素贝叶斯算法基于贝叶斯定理，通过假设特征之间条件独立性来估计类别的后验概率，常用于解决分类问题。

5.2.2 无监督学习

无监督学习是机器学习领域的一个重要分支。与监督学习不同，无监督学习在训练过程中不依赖于标签数据，而是通过分析输入数据的内在结构和关联来学习模型。无监督学习在现实世界中有着广泛的应用价值，例如聚类分析、数据降维、异常检测等。

常见的无监督学习算法主要包括以下几类。

5.2.2.1 聚类算法

聚类（clustering）是按照某个特定标准（如距离）把一个数据集分割成不同的类

或簇，使得同一个簇内的数据对象的相似性尽可能大，同时不在同一个簇中的数据对象的差异性也尽可能地大。也即聚类后同一类的数据尽可能聚集到一起，不同类数据尽量分离。常见的聚类算法包括 K 均值聚类算法（K-means clustering）和基于密度的聚类算法（DBSCAN）。这里以 K 均值聚类算法为例进行介绍。

K 均值聚类算法主要用于将数据集分成具有相似特征的若干个簇。这是一种迭代算法，其目标是最小化数据点与其所属簇的中心点之间的平均距离。

（1）算法原理

① 选择 k 个初始聚类中心（可以随机选择或者根据某种启发式方法选择）。

② 将每个数据点分配到最近的聚类中心，形成 k 个簇。

③ 计算每个簇的新中心，即所有属于该簇的数据点的平均值。

④ 重复步骤②和③，直到聚类中心不再发生明显变化或达到预定迭代次数为止。

（2）算法公式

① 初始化：选择初始的 k 个聚类中心 $C = \{c_1, c_2, \cdots, c_k\}$。

② 分配数据点：对于每个数据点 x_i，计算其到各个聚类中心的距离，通常使用欧氏距离或曼哈顿距离等，然后将数据点分配到距离最近的聚类中心的簇 c_j 中，表示为：$\underset{j}{\mathrm{argmin}}\, \mathrm{dist}(x_i, c_j)$。

③ 更新聚类中心：计算每个簇 c_j 的新中心，通常是该簇中所有数据点的均值。新的聚类中心表示为：$c_j = \dfrac{1}{|c_j|} \sum_{x_i \in c_j} x_i$。

④ 重复：重复步骤②和③，直到聚类中心不再发生明显变化（即达到收敛）或达到预定的迭代次数为止。

K 均值聚类算法的目标是最小化以下准则函数：

$$J(C) = \sum_{j=1}^{k} \sum_{x_i \in c_j} \mathrm{dist}(x_i, c_j)^2$$

上述准则函数衡量了每个数据点到其所属簇中心的距离的平方和，K 均值聚类算法寻求将这个值最小化。较小的准则函数值表示更紧凑的簇，但通常需要多次运行算法以避免陷入局部最小值。

（3）K 均值聚类算法的优点

① 如果变量是连续的，K 均值聚类算法的效果通常很好。

② 是一个相对简单和易于理解的算法。

③ 计算复杂度相对较低，适合大数据集。

（4） K 均值聚类算法的缺点

① 必须预先确定 k 值，但是在实践中，这个值通常是未知的。为了确定最佳的 k 值，一般需要使用肘部法则或者轮廓系数。

② 准则函数值可能会收敛到局部最优解。在实践中，解决这个问题的方法是多次运行算法，每次都用不同的初始质心。

③ 它对异常值和噪声非常敏感。

④ 它可能不适用于非球形的簇或大小差别很大的簇。

（5） K 均值聚类算法的应用场景：K 均值聚类算法主要运用在客户分群、图像分割、文档聚类、异常检测、图形分析、医学图像处理、推荐系统等场景。

5.2.2.2 降维算法

降维主要是对现有的数据集进行重构，减少原有的数据特征维度，表示为更容易被理解的特征。常见的降维算法包括主成分分析（PCA）算法和 t-SNE。这里以主成分分析算法为例进行介绍。

主成分分析（principal component analysis，PCA）算法是一种用于数据降维和特征提取的统计方法。它的主要目标是将高维数据转换为低维数据，同时保留数据中的关键信息，以便更好地理解数据结构和减少数据的复杂性。

主成分分析算法的核心思想是找到数据中的主成分，这些主成分是数据中变化最大的方向。通过将数据投影到这些主成分上，可以实现数据的降维。

（1）算法原理

① 首先，对数据进行标准化，以确保每个特征具有相同的尺度，即均值为 0，标准差为 1。

② 计算数据的协方差矩阵。协方差矩阵描述了不同特征之间的关系，以及它们的变化方向。

③ 计算协方差矩阵的特征值和特征向量。

④ 特征值表示协方差矩阵中每个特征的变化程度，特征向量表示每个主成分的方向。

⑤ 按特征值的大小对特征向量进行排序，以找到最重要的主成分。

⑥ 选择要保留的主成分的数量，然后将数据投影到这些主成分上，形成新的特征空间。

（2）算法公式

① 数据标准化：首先，将数据进行标准化，使每个特征的均值为 0，标准差为 1。这可以表示为 $x'_i = \dfrac{x_i - \mu_i}{\sigma_i}$，其中，$x_i$ 是原始数据的第 i 个特征，μ 是该特征的均值，σ_i 是标准差。

② 协方差矩阵：协方差矩阵描述了数据中不同特征之间的关系，它的计算公式为 $\in = \dfrac{1}{n} \sum\limits_{i=1}^{n} (x_i - \overline{x})(x_i - \overline{x})^T$，其中 n 是样本数，x_i 是标准化后的数据点，$\overline{x}$ 是数据的均值。

③ 特征值和特征向量：计算协方差矩阵的特征值 γ_1，γ_2，$\cdots \gamma_n$ 和对应的特征向量 v_1，v_2，$\cdots$，v_n。

④ 选择主成分：根据特征值的大小，选择要保留的前 k 个主成分。这些主成分与最大的特征值相对应。将数据投影到所选的主成分上，形成新的特征空间。对于每个数据点 x_i，其在第 j 个主成分上的投影可以表示为：$y_{ij} = x_i^T v_j$，其中 v_j 是第 j 个主成分的特征向量。

通过主成分分析算法，可以将高维数据降维到更低维度，同时保留尽可能多的信息，有助于可视化、数据分析和模型建立。

（3）主成分分析算法的优点

① 降维与可视化：主成分分析算法可以将具有许多变量的高维数据集降维到二维或三维，使其可以在图形上可视化，方便对数据进行直观理解。

② 去除噪声：主成分分析算法只保留数据中的主要成分，这些成分捕获了数据的主要变异性，而忽略了小的、次要的变异性，这样就可以有效地过滤掉数据中的噪声。

③ 减少过拟合：通过减少数据集的维度，主成分分析算法可以帮助防止过拟合，因为它限制了模型可以适应的复杂性。

④ 无需标签：主成分分析算法是一种无监督的方法，不需要类别标签就可以进行运算。

（4）主成分分析算法的缺点

① 解释性：由于主成分分析算法基于数学的线性变换，生成的主成分往往没有明显的物理意义，这使得结果难以解释。

② 数据线性：主成分分析算法假设数据的主要变异性可以通过线性投影捕获。对于非线性特征的数据，主成分分析算法的效果可能会降低。

③ 敏感度：主成分分析算法对缩放敏感。如果数据的各维度特征的尺度（例如单位）差异较大，那么需要先进行标准化，否则尺度较大的特征可能会主导主成分的选择，使得结果偏向于这些特征。

④ 假设数据分布：主成分分析算法假设数据是基于正态分布的，如果这个假设不成立，主成分分析算法的效果可能会受到影响。

⑤ 丢失信息：虽然主成分分析算法可以减少数据的维度，但这也意味着一些信息的丢失。如果降维过多，可能会导致丢失重要信息。

（5）主成分分析算法的应用场景：主成分分析算法主要应用在图像处理、模式识别、金融分析、生物信息学、社交网络分析、文本挖掘、物联网、医学图像分析等场景。

5.2.3 半监督学习

半监督学习是一种机器学习方法，介于监督学习和无监督学习之间。它的目标是在训练数据中同时利用有标签的数据（监督信号）和没有标签的数据（无监督信号）来进行模型训练。半监督学习的主要应用场景是有大量的无标签数据和相对较少的标签数据时，它可以提高模型的性能。

常见的半监督学习算法主要包括以下几类。

5.2.3.1 自学习算法

自学习算法（self-training）是一种半监督学习方法，其中模型在初始阶段使用有标签的数据进行训练，然后使用已训练的模型来为未标记的数据样本生成伪标签，将其添加到已标记数据集中，并继续训练模型。这一过程迭代进行，直到满足停止条件。

（1）算法过程

① 初始化：使用已标记数据集 D 训练一个初始模型 M_0。

② 生成伪标签：对于每个未标记数据样本 x_u，使用模型 M_i（i 是迭代次数）进行预测，得到概率分布 $P(y_u \mid x_u)$。选择概率最高的类别作为伪标签 y_u'。

③ 标记扩展：将伪标签 y_u' 与对应的数据样本 x_u 结合，形成一个新的已标记数据集 $D' = D \bigcup \{(x_u, y_u')\}$。

④ 模型更新：使用扩展的已标记数据集 D' 训练一个新的模型 M_{i+1}。

⑤ 迭代：重复生成伪标签、标记扩展和模型更新过程，直到满足停止条件。

在自学习算法中，i 表示迭代的次数，M_i 表示在第 i 次迭代中训练的模型，D 表示已标记数据集，x_u 表示未标记数据样本，y_u' 表示生成的伪标签。

（2）自学习算法的优点

① 充分利用未标记数据：自学习算法可以有效地利用未标记数据，这通常是现实中大量可获得的资源。

② 简单性：自学习算法通常相对简单，不需要太多复杂的技术或额外的标记工作。

③ 性能提升：通过扩展已标记数据，自学习算法可以提高模型性能，特别是在标记数据稀缺的情况下。

④ 泛化能力：自学习可以提高模型的泛化能力，因为它允许模型在更多样本上进行训练。

（3）自学习算法的缺点

① 错误的伪标签：生成的伪标签可能不准确，尤其是在模型置信度较低的情况下，这可能会导致模型性能下降。

② 过拟合：使用伪标签进行训练可能导致模型在未标记数据上过度拟合，从而降低泛化性能。

③ 停止条件：选择适当的停止条件以终止迭代是一个挑战，因为通常需要平衡性能和计算成本。

（4）自学习算法的应用场景：自学习算法主要运用在计算机视觉、自然语言处理、语音识别、医学图像分析、自动驾驶、推荐系统、生物信息学、自动标记数据等场景。

5.2.3.2　协同训练

协同训练（co-training）是一种半监督学习方法，它利用多个视图（也称为特征集合）的信息来提高模型的性能。协同训练的核心思想是使用多个学习器，每个学习器在不同的视图上训练，并通过相互协作来提高性能。

多视图假设：协同训练的核心假设是每个视图提供了数据的不同方面或视角。通过结合多个视图，可以提供更全面和准确的数据表示。

相互协作：协同训练使用多个学习器，每个学习器在不同的视图上训练。这些学习器相互协作，通过信息传递或投票机制来提高性能。

（1）算法过程

① 初始化：选择多个学习器（通常是两个）以处理不同的视图。每个学习器初始化为一个简单的学习模型。

② 训练：每个学习器在不同的视图上使用已标记的数据进行训练。这可能涉及不同的特征集合或特征提取方法。

③ 信息传递：在每个训练迭代中，学习器之间交换信息，以利用其他学习器的预测结果来提高性能。这可以通过投票机制、信息传递或模型融合来实现。

④ 迭代：重复训练和信息传递的过程，直到满足停止条件，例如模型性能稳定或达到最大迭代次数。

协同训练的公式通常不是特定的数学公式，而是基于学习器之间的协作和信息传递。它的效果依赖于不同视图之间的独立性和多样性。协同训练通常用于文本分类、图像分类、信息检索等领域，其中多视图信息对于提高性能非常有帮助。

（2）协同训练的优点

① 充分利用多视图信息：协同训练从多个视图或特征集合中获得信息，充分利用多视图数据，从而提高了模型性能。

② 增强泛化性能：协同训练可以减小过拟合的风险，因为它使用不同的特征集合进行训练，从而提高了模型的泛化性能。

③ 提高数据效率：协同训练通常能够提高数据的有效利用率，因为它使用了未标记数据来扩展已标记数据，降低了对大量标记数据的依赖。

④ 适用于多模态数据：协同训练特别适用于多模态数据，例如文本和图像的组合，因为每个视图提供了不同的信息。

（3）协同训练的缺点

① 多视图独立性要求：协同训练的有效性依赖于多个视图之间的数据独立性和多样性。如果多视图之间高度相关，协同训练可能不会表现出明显的优势。

② 需要大量未标记数据：协同训练通常需要大量未标记数据，以便充分利用多视图信息。在某些情况下，未标记数据可能难以获取。

③ 可能需要复杂的信息传递机制：协同训练需要不同学习器之间的信息传递或协作机制，这可能增加了一些额外的工作和复杂性。

（4）协同训练的应用场景：协同训练主要应用在推荐系统、自然语言处理、社交网络分析、图像处理、音频处理、医疗领域、智能交通、电子商务等场景。

5.2.4　强化学习

强化学习是一种机器学习范式，其目标是通过智能体与环境的交互学习如何做出最优决策，以最大化累积奖励。在强化学习中，智能体通过观察环境的状态，采取不同的动作，并接收环境的奖励信号，来逐步学习优化策略。它类似于让智能体在一个试错的过程中通过不断尝试和反馈来学习最佳行为方式，以实现既定的目标。

常见的强化学习算法主要包括以下几类。

5.2.4.1　SARSA 算法

SARSA（state-action-reward-state-action）算法是一种强化学习算法，用于解决离散状态和离散行动空间的强化学习问题。它属于策略迭代类算法，旨在学习一个最优策略，以最大化长期累积奖励。SARSA 算法的名称反映了其核心思想，即在每个状态-行动对上学习策略，预测下一个状态和行动。

（1）算法的核心步骤和原理

① 初始化：初始化状态值函数 $Q(s, a)$ 和策略 π。

② 选择行动：根据当前状态和策略 π 选择一个行动 a。通常，这是按照 ε-贪心策略来选择行动，其中 ε 是探索概率。

③ 与环境互动：执行选择的行动 a，并观察下一个状态 s' 和奖励 r。

④ 更新状态值函数：使用 SARSA 更新规则来更新状态值函数 $Q(s, a)$。更新规则如下：

$$Q(s, a) = Q(s, a) + \alpha[r + \gamma Q(s', a') - Q(s, a)]$$

其中 α 是学习率，γ 是折扣因子，a' 是下一个状态 s' 上根据策略 π 选择的行动。

⑤ 更新策略：根据更新后的状态值函数 $Q(s，a)$ 来更新策略 π。通常，这可以通过 ε-贪心策略来实现。

⑥ 继续：重复上述步骤，直到满足停止条件（例如达到最大迭代次数或状态值函数足够稳定）。

（2）SARSA 算法的优点

① 在线学习：SARSA 是一种在线学习算法，它可以逐步更新策略和值函数，而不需要大量存储状态-行动对的信息，这使得它在处理实时决策问题时具有优势。

② 稳定性：SARSA 算法在收敛方面通常比 Q-学习算法更稳定，因为它使用了策略迭代，可以更好地处理探索与利用之间的权衡。

③ 适用于确定性环境：SARSA 算法可以用于处理环境的确定性和随机性，因为它可以轻松应对策略的变化。

④ 适用于离散状态和离散行动空间：SARSA 算法适用于问题中的离散状态和行动空间，例如棋盘游戏、迷宫问题以及离散控制问题。

（3）SARSA 算法的缺点

① 不适用于连续空间：SARSA 算法不适用于具有连续状态和行动空间的问题，因为它难以处理连续空间的状态和行动的值函数的估计。

② 计算复杂性：在状态和行动空间较大的情况下，SARSA 算法需要大量的计算资源，因为它需要对每个状态-行动对进行更新。

③ 收敛速度较慢：相对于一些其他强化学习算法，SARSA 算法的收敛速度可能较慢，因为它使用策略迭代，而不是直接学习值函数。

（4）SARSA 算法的应用场景：SARSA 算法常常用于教育和研究中的强化学习实验，例如棋盘游戏、迷宫问题以及离散控制问题。

5.2.4.2　Q-学习算法

Q-学习算法（Q-learning）是一种基于值迭代的强化学习算法，用于解决马尔科夫决策过程（Markov decision process，MDP）中的问题。Q-学习算法的目标是学习一个最优策略，以最大化长期累积奖励。算法以状态-行动值函数（Q 函数）为核心，用于估计在给定状态和采取行动后的期望累积奖励。换句话说，在 Q-学习算法中，智能体通过学习一个 Q 函数来评估在特定状态下采取动作的价值。通过不断更新 Q 函数，智能体逐渐学习到最优的策略。

（1）算法的核心步骤和原理

① 初始化 Q 函数：初始化状态-行动值函数 $Q(s, a)$ 的值。这可以是零，或者随机初始化。

② 选择行动：根据当前状态 s，使用某种策略来选择行动 a。通常，按照 ε-贪心策略来选择行动，其中 ε 是探索概率。

③ 与环境互动：执行选择的行动 a，与环境互动，并观察下一个状态 s' 和奖励 r。

④ 更新 Q 函数：使用 Q-学习算法更新规则来更新状态-行动值函数 $Q(s, a)$。更新规则如下：

$$Q(s, a) + \alpha\{r + \gamma \max[Q(s', a')] - Q(s, a)\}$$

其中 α 是学习率，γ 是折扣因子，a' 是下一个状态 s' 上选择的最佳行动。

⑤ 继续：重复上述步骤，直到满足停止条件，如达到最大迭代次数或 Q 函数收敛。

（2）Q-学习算法的优点

① 收敛性：Q-学习算法通常具有较好的收敛性，能够找到最优策略，即最大化长期累积奖励的策略。

② 模型无关：Q-学习算法是一种与模型无关的算法，不需要环境模型的先验知识，因此适用于许多实际问题，尤其是在复杂环境中的问题。

③ 离散状态和行动空间：Q-学习算法适用于离散状态和离散行动空间的问题，例如棋盘游戏、迷宫问题和控制问题。

④ 易于理解和实现：Q-学习算法的理论基础相对简单，容易理解和实现。这使得它成为学习强化学习的良好起点。

（3）Q-学习算法的缺点

① 不适用于连续空间：Q-学习算法通常无法直接应用于具有连续状态和行动空间的问题，因为它需要在离散状态和行动上进行值函数估计。

② 需要大量存储空间：在状态和行动空间较大的情况下，Q-学习算法需要大量的存储空间来存储状态-行动值函数，这可能限制其应用。

③ 需要长时间训练：Q-学习算法可能需要大量的训练时间，特别是在复杂环境中，以找到最优策略。

（4）Q-学习算法的应用场景：Q-学习算法主要应用在解决诸如棋盘游戏、迷宫问题、控制问题、教育和研究问题，并取得了巨大成功。

5.2.4.3 深度 Q-学习算法

深度 Q-学习算法（deep Q-learning，DQN）是一种强化学习算法，它结合了深度学习和 Q-学习算法的思想，它使用神经网络来近似 Q 函数，并通过经验回放和目标网络的方法来改善学习过程的稳定性和效率，从而解决离散状态和行动空间的问题。深度 Q-学习算法的主要创新在于使用深度神经网络来估计状态-行动值函数，从而能够处理高维状态空间的问题。

（1）深度 Q-学习算法的核心步骤和原理

① 初始化深度神经网络：初始化一个深度神经网络，通常是卷积神经网络（convolutional neural network，CNN），用于估计状态-行动值函数 $Q(s, a)$。这个网络将接收状态作为输入，输出每个可能行动的 Q 值。

② 选择行动：根据当前状态 s，使用某种策略来选择行动 a。通常，按照 ε-贪心策略来选择行动。

③ 与环境互动：执行选择的行动 a，与环境互动，并观察下一个状态 s' 和奖励 r。

④ 构建目标 Q 值：使用目标网络（target network）来计算目标 Q 值。目标网络是一个与主网络结构相同的神经网络，但参数通常较稳定。目标 Q 值的计算如下：

$$\text{target} = r + \gamma \max[Q\_\text{target}(s', a')]$$

其中，r 是观察到的奖励，γ 是折扣因子，$\max[Q\_\text{target}(s', a')]$ 表示在下一个状态 s' 上选择的最佳行动对应的 Q 值。

⑤ 计算损失：计算 Q 值，估计其和目标 Q 值之间的均方误差损失，即损失函数为：$\text{loss} = [Q(s, a) - \text{target}]^2$。

⑥ 更新神经网络参数：使用反向传播算法和梯度下降来更新深度神经网络的参数，以减小损失。这使得 Q 函数逐渐逼真估计目标 Q 值。

⑦ 继续：重复上述步骤，直到满足停止条件，如达到最大迭代次数或 Q 函数稳定。

（2）深度 Q-学习算法的优点

① 适用于高维状态空间：深度 Q-学习算法使用深度神经网络来估计 Q 函数，因此可以有效地处理高维状态空间，如图像数据，这是传统 Q-学习算法难以应对的。

② 自动特征提取：深度神经网络能够自动提取特征，无需手动设计特征工程，从

而简化了问题的建模过程。

③ 通用性：深度 Q-学习算法不需要环境模型的先验知识，因此适用于与模型无关的强化学习问题，可以用于各种领域和任务。

④ 学习稳定性：深度 Q-学习算法包括经验回放和固定目标网络等技术，这些技术有助于提高学习的稳定性和收敛性。

（3）深度 Q-学习算法的缺点

① 高计算需求：训练深度神经网络需要大量计算资源，特别是在处理大规模问题时，需要使用 GPU 或分布式计算。

② 样本效率：深度 Q-学习算法通常需要大量的样本来进行训练，这可能导致在某些情况下需要花费大量时间来收集经验。

③ 超参数选择：深度 Q-学习算法包括多个超参数，如学习率、折扣因子、经验回放参数等，选择合适的超参数可能需要一定的试验。

（4）深度 Q-学习算法的应用场景

主要应用在自动驾驶、游戏策略、资源管理、机器人控制、金融交易、资源分配、网络管理、卫生保健、教育、工业自动化等场景。

此外，常用的强化学习算法还有马尔科夫决策过程（MDP）。它是一种随机过程，扩展了马尔科夫过程的概念，包含了决策制定者的行为，并通过一系列的状态转移和对应的奖励，描述了一个环境和在这个环境中行动的智能体之间的交互。

5.3　深度学习

深度学习是一种基于人工神经网络的机器学习方法，通过多层次的神经网络模型来模拟人脑的神经网络结构和学习方式，以实现对复杂数据的高级抽象和分析。深度学习的核心思想是通过多层次的非线性变换来学习数据的特征表示，从而实现对数据的自动分类、预测和生成。

深度学习的发展离不开神经网络的进步和计算能力的提升。神经网络是由大量的神经元和它们之间的连接组成的数学模型，可以模拟人脑神经元之间的信息传递和处理过程。深度学习通过增加网络的深度和复杂度，使得神经网络可以学习到更高级别的特征表示，从而提高模型的性能和泛化能力。同时，计算能力的提升也为深度学习的训练和推理提供了更大的计算资源和效率。

目前，深度学习在各个领域都有广泛应用。在计算机视觉领域，深度学习可以通过卷积神经网络实现图像分类、目标检测、人脸识别等任务。在自然语言处理领域，深度学习可以通过循环神经网络和长短期记忆网络实现机器翻译、情感分析、智能问答等任务。在语音识别领域，深度学习可以通过递归神经网络和卷积神经网络实现语音识别和语音合成等任务。在推荐系统领域，深度学习可以通过神经网络模型实现个性化推荐和广告推荐等任务。在医疗领域，深度学习可以通过分析医疗数据和图像数据，实现疾病诊断和治疗决策等任务。

深度学习的成功离不开大数据的支持。通过大数据的训练，深度学习模型可以学习到更准确和鲁棒的特征表示，从而提高模型的性能和泛化能力。然而，深度学习也面临一些挑战和问题。首先，深度学习需要大量的标注数据进行训练，而标注数据的获取和质量对于模型的性能和泛化能力至关重要。其次，深度学习模型的训练和推理需要大量的计算资源和时间，对于计算能力的要求较高。此外，深度学习模型的解释性和可解释性也是一个重要的问题，特别是在一些对人类生命和财产安全有直接影响的领域，如自动驾驶、医疗诊断等。深度学习模型的黑盒性使得难以解释模型的决策过程和结果。

总之，深度学习作为机器学习的一种重要方法，已经在各个领域展现出巨大的应用潜力。随着技术的不断进步和创新，深度学习将继续发展，为人类创造更多的价值。同时，深度学习的发展也需要人们共同努力，加强对模型的研究和监管，确保深度学习的应用能够符合伦理和法律的要求，为人类社会的发展和进步做出贡献。

下面将介绍几种常见的深度学习模型。

5.3.1 卷积神经网络

卷积神经网络（convolutional neural network，CNN）是一种深度学习方法，它最初被设计用于处理图像数据。自然图像有很多的属性，如平移不变性和局部连接性，这使得 CNN 在处理这类数据上相比其他类型的神经网络有更多的优势。

5.3.1.1　卷积神经网络架构

一个卷积神经网络一般包括以下部分：卷积层、池化层、ReLU 函数、全连接层。

（1）卷积层。如图 5.1 所示，绿色的区域表示卷积核在输入矩阵中滑动，每滑动到一个位置，将对应数字相乘并求和，得到一个特征图矩阵的元素。注意到，图中卷积核每次滑动一个单位，实际上滑动的幅度可以根据需要进行调整。如果滑动步幅大于 1，则卷积核有可能无法恰好滑到边缘。针对这种情况，可在矩阵最外层补零。

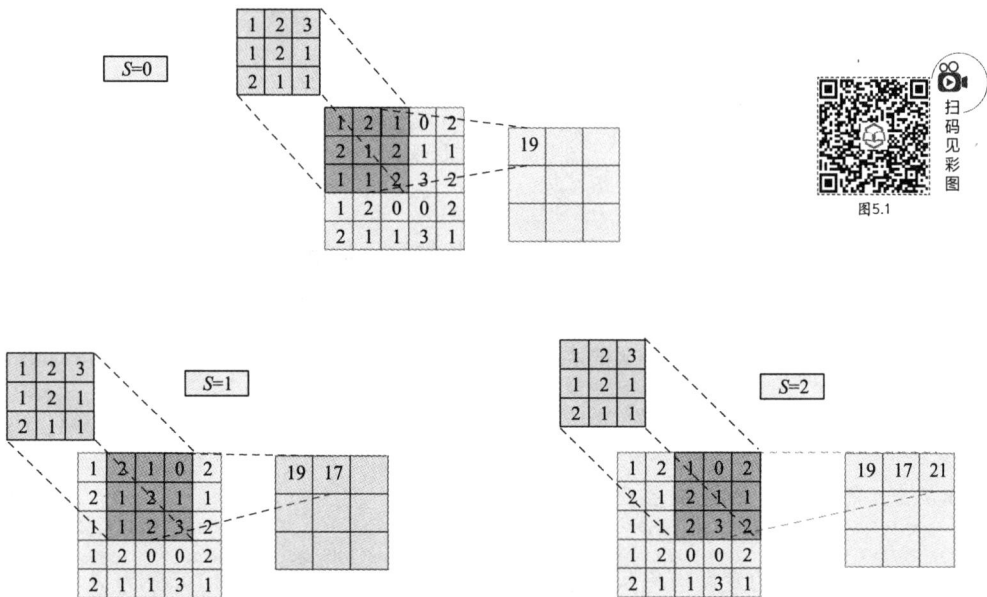

图 5.1　卷积层架构

（2）池化层。如图 5.2 所示，和卷积层一样，池化层也有一个滑动的核，可以称之为滑动窗口。图中滑动窗口的大小为 2×2，步长为 2，每滑动到一个区域，则取最大值作为输出，这样的操作称为 Max Pooling。还可以采用输出均值的方式，称为 Mean Pooling。

（3）ReLU 函数。ReLU（rectified linear unit）函数是一种常用的激活函数，用于人工神经网络中，特别是在深度学习模型中。ReLU 函数是一种非线性函数，它将输入信号转换为输出信号，通常用于激活神经网络中的神经元。ReLU 函数表示如下：

$$f(x) = \max(0, x)$$

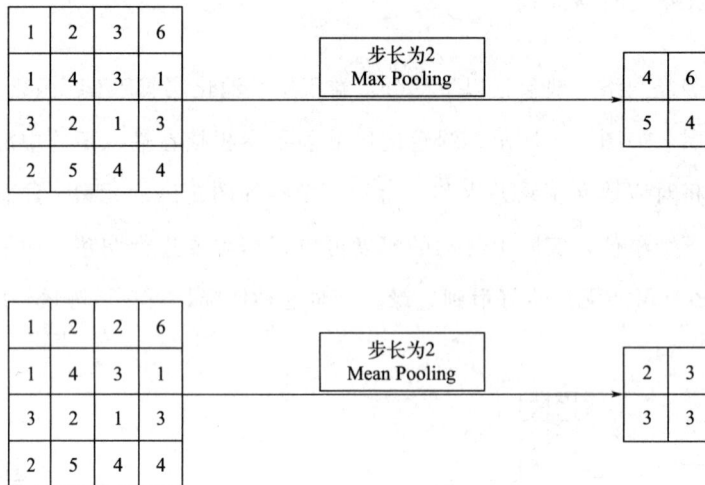

图 5.2　池化层架构

其中，$f(x)$ 表示输入 x 经过 ReLU 正数激活后的输出；$\max(0, x)$ 意味着当输入 x 大于等于零时，输出等于 x；当输入 x 小于 0 时，输出为 0。

（4）全连接层。经过若干层的卷积、池化操作后，将得到的特征图依次按行展开，连接成向量，输入全连接网络。

5.3.1.2　卷积神经网络发展史

卷积神经网络的发展历程从早期的理论探索到如今的广泛应用可分为以下几个关键阶段。

（1）现代 CNN 的诞生（1989—1998 年）

1989 年，Yann LeCun（杨立昆）等人将反向传播算法应用于神经网络，并开发了首个实用的 CNN 架构——LeNet，用于手写数字识别（如邮政编码识别）。1998 年，LeNet-5 进一步优化，确立了卷积层＋池化层＋全连接层的标准架构。然而，受限于当时的算力和数据规模，CNN 并未得到广泛应用，传统机器学习方法（如 SVM）仍占据主导地位。

（2）深度学习革命（2012—2015 年）

2012 年，AlexNet 在 ImageNet 竞赛中大幅超越传统方法，标志着卷积神经网络的复兴。其成功得益于 ReLU 激活函数、GPU 加速训练和 Dropout 正则化等关键技术。此后，CNN 架构迎来爆发式创新。例如，VGGNet（2014）通过堆叠 3×3 小卷积核构建深层网络，证明深度对性能的重要性；GoogLeNet（2014）提出 Inception 模块，采用多尺度并行卷积提升计算效率；ResNet（2015）引入残差连接（Residual Block），解决了深层网络的梯度消失问题，使网络深度突破 100 层。

（3）多样化与高效化（2016—2019 年）

这一阶段的研究聚焦于提升 CNN 的效率和适用性。例如，MobileNet（2017）采用深度可分离卷积，适配移动设备；SENet（2017）引入通道注意力，动态调整特征重要性；ShuffleNet（2018）通过通道混洗减少计算量。此外，卷积神经网络的应用也从图像分类扩展到目标检测（如 YOLO、Faster R-CNN）、语义分割（如 U-Net）等任务。

（4）2020 年后的新发展

近年来，CNN 的研究重点转向与 Transformer 的融合以及更高效的架构设计。例如，Vision Transformer（ViT，2020）首次将纯 Transformer 应用于图像分类；ConvNeXt（2022）通过借鉴 Transformer 的设计思想（如大卷积核、LayerNorm）优化卷积神经网络；Shrinking SNN（SSNN，2024）探索更接近生物神经网络的计算方式。

5.3.1.3　卷积神经网络应用场景

卷积神经网络主要应用在诸如图像分类、物体检测、图像分割、图像生成、图像风格迁移、图像超分辨率、医学影像分析、自动驾驶、自然语言处理、视频分析、计算机游戏、工业质量检测、广告和推荐系统等方面。

5.3.2　循环神经网络

循环神经网络（recurrent neural network，RNN）是一种深度学习模型，专门用于处理序列数据和时间序列数据的任务。循环神经网络的主要特点是其内部包含一个循环连接，允许信息在网络内部传递，并具有记忆机制，以便处理序列中的依赖关系。

5.3.2.1　循环神经网络架构

如图 5.3 所示，循环神经网络包括两个部分：隐藏状态的更新以及输出的表示。

隐藏状态（hidden state）：在每个时间步，RNN 都会计算一个隐藏状态，该隐藏状态捕获了模型在过去时间步的信息以及当前时间步的输入。隐藏状态的计算公式如下：

$$h_t = f(W_{hh}h_{t-1} + W_{hx}x_t)$$

其中，h_t 表示时间步 t 上的隐藏状态，h_{t-1} 表示时间步 $t-1$ 上的隐藏状态（即前一个时间步的隐藏状态），x_t 表示时间步 t 上的输入，W_{hh} 和 W_{hx} 分别是隐藏状态和输入的权重矩阵，f 是激活函数。

输出（output）：在每个时间步，循环神经网络可以产生一个输出，通常基于当前时间步的隐藏状态。输出的计算公式如下：

$$o_t = g(W_{ho}h_t)$$

其中，o_t 表示时间步 t 上的输出；h_t 表示时间步 t 上的隐藏状态；W_{ho} 是输出状态的权重矩阵；g 是激活函数，通常根据任务选择适当的激活函数，例如 sigmoid 用于二进制分类，softmax 用于多类别分类，线性函数用于回归等。

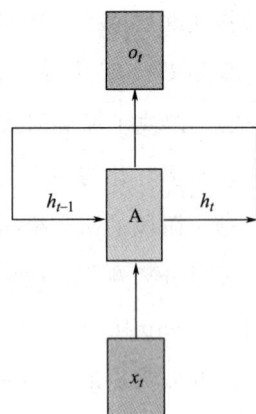

图 5.3　循环神经网络架构

5.3.2.2　循环神经网络发展史

循环神经网络是处理序列数据的重要神经网络架构，其发展历程可追溯至 20 世纪 80 年代。

（1）早期理论基础（20 世纪 80 年代）

循环神经网络的雏形可以追溯到 1982 年 John Hopfield 提出的 Hopfield 网络，这是一种具有循环连接的联想记忆网络。1986 年，Michael Jordan 和 Jeffrey Elman 分别提出了 Jordan 网络和 Elman 网络，首次实现了具有隐状态的循环结构，能够处理时间序列数据。

（2）理论完善期（20 世纪 90 年代）

20 世纪 90 年代，RNN 的理论框架逐渐成熟。例如，1991 年，Sepp Hochreiter 发现了 RNN 的梯度消失问题；1997 年，Hochreiter 和 Schmidhuber 提出了长短期记忆网络（LSTM），通过引入门控机制解决了长期依赖问题；1999 年，Felix Gers 改进了 LSTM，增加了"遗忘门"。

（3）应用探索期（2000—2010 年）

这一时期 RNN 开始应用于实际问题。例如，2005 年，LSTM 在语音识别领域取得突破；2009 年，Graves 等人将 LSTM 应用于手写识别任务；2010 年，RNN 开始用于机器翻译任务。

（4）深度学习时代（2011—2016 年）

随着深度学习兴起，RNN 迎来新发展。例如，2014 年，Cho 等人提出门控循环单元（GRU），简化了 LSTM 结构；2015 年，注意力机制被引入序列处理；2016 年，Google 将 LSTM 用于谷歌翻译任务。

（5）Transformer 时代（2017 年至今）

虽然 Transformer 兴起，但 RNN 仍在发展。例如，2018 年，Quasi-RNN 提出混合架构；2020 年，RWKV 模型结合 RNN 和 Transformer 优点；2023 年，RetNet 等新型循环架构出现。

5.3.2.3　循环神经网络应用场景

循环神经网络主要应用在自然语言处理、语音识别、时间序列预测、图像描述生成、视频分析、游戏开发、生物信息学、金融领域、医学诊断、自动驾驶、人工智能创作、智能物联网、语音合成、模型序列生成等领域。

5.3.3　生成对抗网络

生成对抗网络（generative adversarial network，GAN）是一种深度学习模型，由伊恩·古德费洛（Ian Goodfellow）等人于 2014 年提出。

5.3.3.1　生成对抗网络架构

生成对抗网络的核心思想是通过博弈的方式训练两个神经网络：生成器（generator）和判别器（discriminator），如图 5.4 所示。这两个神经网络相互竞争，使生成器能够生成逼真的数据，而判别器能够区分真实数据和生成数据。

生成器的任务是将随机噪声或其他输入（通常记为 z）转化为逼真的数据。它使用一个神经网络来实现这一目标。生成器的输出数据记为 $G(z)$。

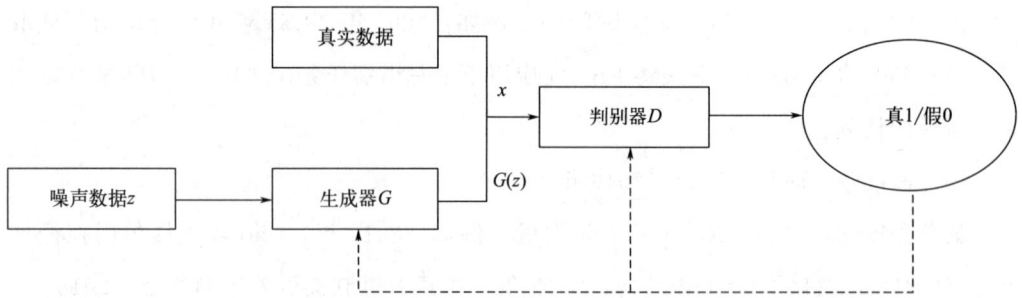

图 5.4　生成对抗网络架构

判别器的任务是评估输入数据是真实数据还是生成器生成的假数据。它也使用一个神经网络来实现这一目标。判别器的输出 $D(x)$ 表示输入数据 x 是真实数据的概率。

生成器的目标是最大化判别器错误，即使得判别器将生成数据错误分类为真实数据。这可以通过以下生成器损失函数来实现：

$$L_G(\theta_g) = -\lg\{1 - D[G(z)]\}$$

由于上述损失函数试图最小化判别器对生成数据给出的概率，因此能够鼓励生成器生成逼真的数据。

判别器的目标是最小化错误，即它能够准确区分真实数据和生成数据。判别器损失函数通常包括两部分：

$$L_D(\theta_d) = -\lg[D(x)] - \lg\{1 - D[G(z)]\}$$

其中第一部分鼓励判别器对真实数据给出高的概率，第二部分鼓励判别器对生成数据给出低的概率。

生成对抗网络的对抗训练是通过交替训练生成器和判别器来进行的。在每个训练迭代中，首先更新生成器参数以最小化生成器损失，然后更新判别器参数以最小化判别器损失。迭代的目标是达到纳什平衡，其中生成器生成的数据无法被判别器准确区分为真实或假的。

5.3.3.2　生成对抗网络发展历史

生成对抗网络的发展经历了从理论创新到实际应用的完整过程，其发展历程可分为几个关键阶段。

（1）理论奠基（2014—2016 年）

2014 年，Ian Goodfellow 等人在论文《Generative Adversarial Nets》中首次提出生成对抗网络（GAN）的概念。其核心思想是通过两个神经网络（生成器和判别器）的对抗训练来学习数据分布。这一开创性工作奠定了现代生成模型的基础。随后，DCGAN（Deep Convolutional GAN，2015）首次将卷积神经网络成功应用于 GAN 架构；InfoGAN（2016）通过解耦隐变量提升生成结果的可解释性。

（2）快速发展期（2017—2020 年）

在这一阶段，多种生成对抗网络被提出。例如 WGAN（Wasserstein GAN，2017）改进网络训练稳定性；ProGAN（2017）实现渐进式生成高分辨率图像；BigGAN（2018）能够在 ImageNet 上生成高质量图像；StyleGAN（2018）提出风格迁移架构；StyleGAN2（2019）改进了网络生成质量。同时，生成对抗网络也在超分辨率（ESRGAN）、图像编辑等领域广泛应用。

（3）近期发展（2021 年至今）

2021 年，StyleGAN3 进一步改进动态生成的质量。同时，研究人员研究了更加轻量化的生成对抗网络架构，并与其他模型进行融合，如 Diffusion-GAN（2022）将生成对抗网络与扩散模型进行了融合。

5.3.3.3　生成对抗网络应用场景

生成对抗网络主要应用在图像生成和编辑、视频生成、音频合成、医学图像处理、文本生成、风格生成、数据增强、图像修复、生成对抗防御、新药发现、视频游戏、金融分析、自动驾驶、食品和药品设计等领域。

5.3.4　大规模语言模型

大规模语言模型（large language model，LLM）是一种基于深度学习的人工智能模型，它通过训练大量文本数据来学习语言的规律和语义表示。这些模型能够理解和生成自然语言，从而能进行自然语言处理任务，如文本生成、机器翻译、情感分析等。

大规模语言模型的核心思想是利用神经网络来模拟人类语言的产生和理解过程。

它通过多层神经网络的连接和参数调整，将输入的文本数据转化为高维向量表示，然后利用这些向量进行各种语言处理任务。这些模型通常采用循环神经网络、长短期记忆网络或变种的注意力机制，以捕捉上下文信息和语义关联。

大规模语言模型的训练需要大量的文本数据，这些数据可以来自互联网、书籍、新闻等。训练过程中，模型会学习到单词、短语和句子之间的关系，以及它们在不同上下文中的含义。通过大规模数据的训练，模型可以学习到更准确、丰富的语义表示，从而提高模型在各种语言处理任务上的性能。

大规模语言模型之所以被称为"大"，是因为它们通常具有数十亿到数万亿个参数，这使得它们在处理自然语言文本时能够表现出色的性能。这些模型的训练需要大规模的计算资源和海量的文本数据，通常使用的是云计算平台和超级计算机。

大规模语言模型的应用广泛而多样。在文本生成方面，它可以生成自然流畅的文章、对话、诗歌等。在机器翻译方面，它可以将一种语言翻译成另一种语言，实现自动翻译的功能。在情感分析方面，它可以判断文本的情感倾向，帮助人们分析和理解情感信息。此外，大规模语言模型还可以用于问答系统、智能助手、智能客服等领域，为人们提供更智能、便捷的语言交互体验。

然而，大规模语言模型也面临一些挑战和问题。首先，模型的训练需要大量的计算资源和时间，对于计算能力的要求较高。其次，模型的解释性和可解释性是一个重要的问题，特别是在一些对人类生命和财产安全有直接影响的领域，如医疗诊断、自动驾驶等。模型的黑盒性使得难以解释模型的决策过程和结果，这对于模型的可信度和可靠性提出了挑战。

总之，大规模语言模型作为一种重要的人工智能技术，已经在自然语言处理领域展现出巨大的应用潜力。随着技术的不断进步和创新，大规模语言模型将继续发展，为人类创造更多的价值。同时也需要加强对模型的研究和监管，确保模型的应用能够符合伦理和法律的要求，为人类社会的发展和进步做出贡献。

5.3.4.1　大规模语言模型架构

最知名的大规模语言模型架构是 Transformer 架构。如图 5.5 所示，典型的 Transformer 模型在处理输入数据时有三个主要步骤：首先，模型进行词嵌入，包括输入嵌入和输出嵌入，将单词转换为高维向量表示。然后，数据通过多个 Transformer

层进行传递。在这些层中，自注意机制在
理解序列中单词之间的关系方面起着关
键作用。最后，在经过 Transformer 层
的处理后，模型根据学到的上下文预测
序列中最可能的下一个单词或标记来生
成文本。

（1）词嵌入。词嵌入是自然语言处
理中的一种重要技术，它用于将文本数
据中的单词或词汇映射到连续的向量空
间中。这些连续向量表示每个单词的语
义信息，使得计算机能够更好地理解和
处理自然语言文本。

传统的文本数据处理方法使用独热
编码（one-hot encoding）来表示单词，
每个单词都用一个二进制向量表示，其
中只有一个元素为 1，其余为 0。这种表
示方法非常稀疏，而词嵌入通过分配每
个单词一个连续向量，使得单词之间的
语义相似性能够更好地表示。

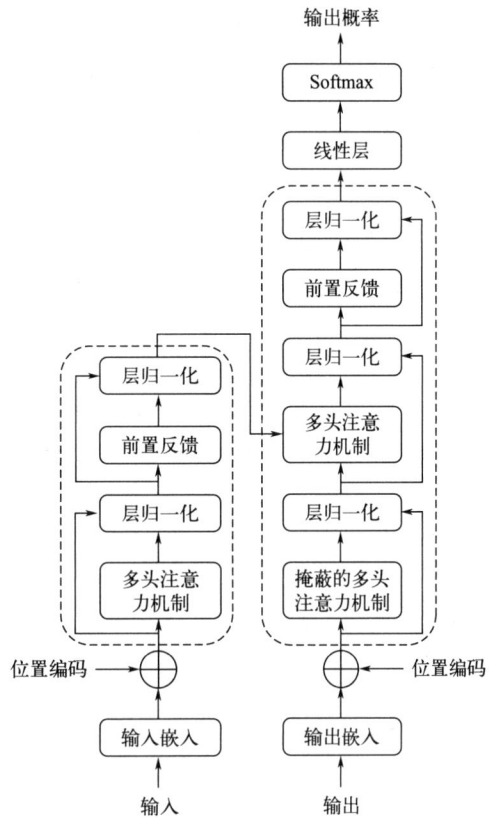

图 5.5　Transformer 架构

词嵌入技术通过向量空间中的距离来表示单词之间的语义相似性。在嵌入空间中，
语义相似的单词通常具有更接近的向量表示。例如，在嵌入空间中，"king" 和 "queen"
之间的距离可能与 "man" 和 "woman" 之间的距离相似。

一旦创建了词嵌入，它们可以作为输入传递给在特定语言任务上进行训练的更大
的神经网络。通过使用词嵌入，模型能够更好地理解单词的含义，并基于这种理解做
出更准确的预测。

（2）位置编码。在自然语言处理中，位置编码（position encoding）是一种用于处
理序列数据的技术，它主要用于为模型提供输入序列中每个单词的位置信息。位置编
码的主要目的是解决词嵌入（word embeddings）无法捕捉单词在序列中位置的问题，
因为词嵌入将每个单词表示为一个固定长度的向量，无法区分不同位置的单词。

位置编码使用一系列特定模式的向量来表示单词的位置。这些向量与词嵌入的向

量相加，以获得包含位置信息的表示。通过这种方式，模型能够将单词的位置作为输入的一部分，并在生成输出时保持一致。

（3）Transformer 层。高级大规模语言模型采用了一种称为 Transformer 的特定架构，将 Transformer 层视为传统神经网络层之后的独立层。实际上，Transformer 层通常作为附加层添加到传统神经网络架构中，以提高 LLM 在自然语言文本中建模长距离依赖性的能力。

Transformer 层通过并行处理整个输入序列而不是顺序处理来工作。它由以下基本组件组成：自注意力机制、多头注意力机制、前馈神经网络、残差连接和层标准化。

① 自注意力机制：Transformer 块的核心组件之一是自注意力机制。自注意力机制能够对输入序列中的不同元素（例如，单词或时间步）之间的相关性进行建模。它计算每对元素之间的相关性权重，然后将这些权重用于加权求和操作，以融合不同元素的信息。这有助于捕捉输入序列中的长距离依赖关系和语义信息。

② 多头自注意力机制：在 Transformer 块中，通常包含多个自注意力头（multi-head self-attention）。每个头独立计算注意力权重和加权求和，然后将它们合并。多头自注意力机制有助于模型捕捉不同关系和特征，提高了模型的表示能力。

③ 前馈神经网络：Transformer 块还包含一个前馈神经网络，它用于对自注意力层的输出进行进一步的非线性变换。前馈神经网络通常包括一层或多层全连接层，每一层都包括激活函数。

④ 残差连接和层标准化：为了防止梯度消失问题和帮助训练深层网络，Transformer 块通常包含残差连接和层标准化。这些技巧有助于稳定模型的训练。

（4）文本生成。文本生成通常是大规模语言模型执行的最后一步。在大规模语言模型经过训练和微调之后，该模型可以用于根据提示或问题生成高度复杂的文本。模型通常通过种子输入进行"预热"，种子输入可以是几个单词、一个句子，甚至是一个完整的段落。然后，大规模语言模型利用其学到的模式生成一个连贯且与上下文相关的回答。

文本生成依赖于一种称为自回归的技术。在自回归解码策略中，生成文本序列的每个词或标记都是基于前面已生成的部分序列的。这意味着模型按照顺序生成文本，每次生成一个标记时，它会考虑到前面已生成的内容，以确保生成的文本连贯和有意义。

5.3.4.2　大语言模型发展史

目前，大语言模型发展历程如下。

GPT-1：在 2017 年，Google 引入了 Transformer 模型，并且 OpenAI 团队迅速将他们的语言建模工作与这种新的神经网络架构相适应。他们在 2018 年发布了第一个 GPT 模型，即 GPT-1，并创造了缩写术语 GPT 作为模型名称，代表着生成预训练。

GPT-2：在与 GPT-1 类似的架构下，GPT-2 将参数规模提高到了 15 亿，并使用大规模的网页数据集 WebText 进行训练。

GPT-3：GPT-3 于 2020 年发布，将模型参数扩展到了更大的 1750 亿。在 GPT-3 的论文中，它正式介绍了上下文学习（ICL）的概念，这种方法可以以少量样本（few-shot）或零样本（zero-shot）的方式利用 LLM。

GPT-3.5：由于 GPT-3 的强大能力，它已成为 OpenAI 团队开发更加有能力的 LLM 的基础模型。总体而言，OpenAI 团队探索了两种主要方法，即基于代码数据的训练和与人类偏好的对齐。OpenAI 团队称改进后的模型为 GPT-3.5 模型。

ChatGPT：在 2022 年 11 月，OpenAI 团队发布了基于 GPT 模型（GPT-3.5 和 GPT-4）的对话模型 ChatGPT。ChatGPT 在与人类沟通方面表现出卓越的能力：拥有大量的知识库，在解决数学问题时具备推理技能，在多轮对话中准确地跟踪语境，并与人类价值观良好地契合以确保安全使用。

GPT-4：作为另一个显著的进展，GPT-4 于 2023 年 3 月发布，将文本输入扩展到多模态信号。总体而言，GPT-4 在解决复杂任务方面比 GPT-3.5 具有更强的能力，在许多评估任务上显示出明显的性能提升。

5.3.4.3　大规模语言模型应用场景

大规模语言模型主要应用在文本生成、机器翻译、文本摘要、情感分析、自动问答、自动代码生成、医疗保健、智能客服、信息检索、智能教育、创意设计等领域。

🎯 本章小结

人工智能（artificial intelligence，AI）是一门计算机科学领域，致力于开发智能系统，使其能够模仿、学习和执行人类智力任务。其利用机器学习、深度学习、自然语言处理、感知技术等方法解决真实场景中的各类问题。如今，AI 正在不断改变人们的生活和工作方式，具有广泛的应用前景。

通过本章学习，学生应掌握人工智能技术的概念、机器学习和深度学习等技术。

❓ 思考题

(1) 什么是人工智能？

(2) 人工智能发展史中有哪几个里程碑？

(3) 什么是机器学习？它在人工智能中有什么作用？

(4) 深度学习在人工智能中扮演什么角色？

(5) 当前人工智能有哪些前沿技术趋势？

(6) 如何确保人工智能技术的可持续发展？

(7) 人工智能的伦理问题有哪些？

第 6 章

大数据和人工智能技术在能源领域的应用案例研究

学习目标

了解大数据和人工智能技术在能源领域的应用。

6.1 人工智能在电力能源领域的应用

人工智能技术已经被广泛地应用于能源领域中的系统建模、预测、控制和优化等方面，在能源互联中具有广泛的应用前景。在能源行业中，数据收集器和传感器的广泛使用收集了大量有关能耗的数据，这些数据可以帮助理解、建模和预测物理行为以及人类对能源的影响。

国家电网公司作为唯一一家中国企业在 AI 领域的专利布局中占有一席之地，也说明 AI 技术在能源领域的巨大应用潜力。国家电网公司的 AI 相关发明技术主要应用在电网控制、配电网、风电站、新能源等领域。

在整个电力系统中，除了电源侧和输电侧以外，AI 在用户侧的应用也十分流行，例如负荷预测、需求侧管理和用户分类等等。图 6.1 描述了一个以新能源为电源的微网中 AI 的典型应用。AI 技术，如机器学习、模糊逻辑、自然语言处理、大数据技术等，以及一些混合 AI 方法为电力系统的设计、模拟、预测、控制、优化、评估、监测、故障诊断、需求侧管理等都提供了强大的工具。

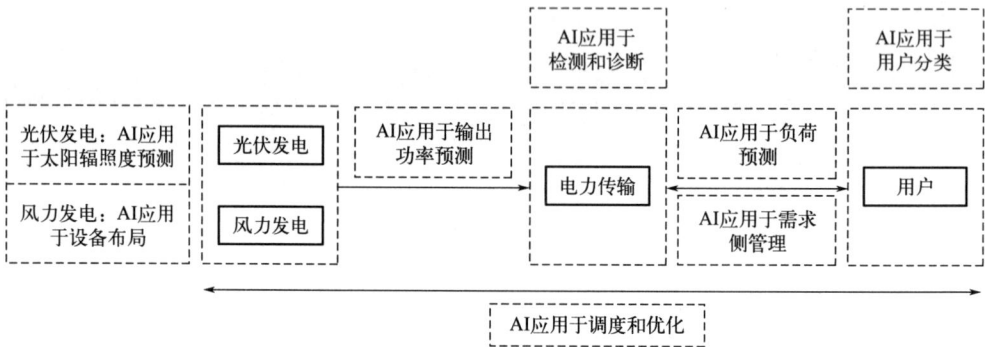

图 6.1　人工智能在电力能源领域的应用

预测是人工智能在能源领域最常见的应用，包括能源经济方面的预测如负荷预测和电价预测，以及发电输出功率预测。在电源侧，针对风能、太阳能、水能等可再生能源受天气条件影响较大的特点，可以采用深度置信网络（DBN）、集成学习以及条件变分编码器等技术，利用其在多层次网络训练、多分类综合决策、特征自主提取与学习、强大泛化能力等方面的优势，基于调控大数据（天气、环境、大气条件、电站地理位置和电网历史运行数据等），整合多种预测模型和算法，采用无监督/半监督的自主学习方式分析和发现数据内部规律、多种因素间的耦合关联关系，对可再生能源发电进行预测，可提高其预测精度。在用户侧，传统上通常使用工程方法和统计方法进行负荷预测，但这些方法基本上是线性模型，而负荷和功率模式通常是外生变量的非线性函数。因此统计方法在预测的准确性和灵活性上具有不足之处。随着 ANN 预测方法的发展，深度学习技术有望通过更高层次的抽象来提高预测精度。此外模糊逻辑、遗传算法和支持向量机等也广泛地应用到了预测中，这些技术与深度学习的结合应用得到了很高的预测精度。

6.2　人工智能在新材料发现领域的应用

近年来，人工智能机器学习在材料科学研究中得到了广泛的应用。通过构建的材料数据库等大数据系统进行机器学习模型训练，许多还没有实验和理论数据的化合物性质可以被预测出来，这将大大加速新材料发现及相关研究。机器学习在材料科学中的应用之一是建立结构与性能之间的关系，它试图在材料指纹（包括组成元素的特征、原子结构信息以及这些特征的任何组合）和感兴趣的目标属性之间建立预测关系。过去的工作中，机器学习方法对材料的带隙、弹性模量、相对稳定性、离子电导率、导热系数、熔融温度、玻璃化转变起始温度等性质的预测能力有着很好的表现。

北京大学深圳研究生新材料学团队近年承担了国家材料基因工程研发固态电池及关键材料的项目，构建有 60 多万种独立晶体结构的大数据系统并且应用人工智能机器学习的方法来加速新型材料的发现。在以往的研究中，机器学习方法的成功是基于数据库中数据的共同趋势，通过这样的共同趋势训练，开发的模型可以应用于预测大多数化合物的结构与性能的关系。这对通常的化合物是有效的、准确的，因为在材料数据库的大多数情况下，通常化合物有规则的结构单元。然而，例外总是存在的（即便有 95% 的预测精度，总还有 5% 的例外）。潘锋团队通过对大量数据不断改良机器学习不仅能够实现高精度预测材料的结构和性能相关性（相当于发现材料的"遗传"性质），还首次原创性着眼于这些不在预测范围的"例外"，并且通过分析这些"例外"（相当于发现材料的"变异或突变"性质），即分析远离总体趋势的异常结果，从中获得新的洞见，发现了新型的结构基元（具有正 3 价的银离子基团），这使得对基础物理化学有了一些新的认识，并在科学上开辟了新的领域。

在该工作中，团队自主建立了一个包括 HSE 计算数据的材料结构数据库，并基于此通过机器学习的方法对材料结构的带隙进行学习，并展示了机器学习是如何被用来作为一种工具来挑选这些不寻常的案例，以及如何用传统的分析方法来研究这些不寻常的案例，从而拓宽已有的科学知识。在该工作中，团队只使用了相对较小的数据集进行训练，并且模型的总体性能与已有的工作相当，模型 R^2 约为 0.89。通过观察带隙预测模型的结果（图 6.2），团队从数据库约 4000 种化合物中确定了 34 种不同寻常的"例外"化合物，在具体的分析之后，其中许多化合物具有不寻常的结构或其他异常，如特殊的配位环境或氧化态、带隙相对于同族其他化合物的突然增加，或是同族不同化合物之间的不同相结构。

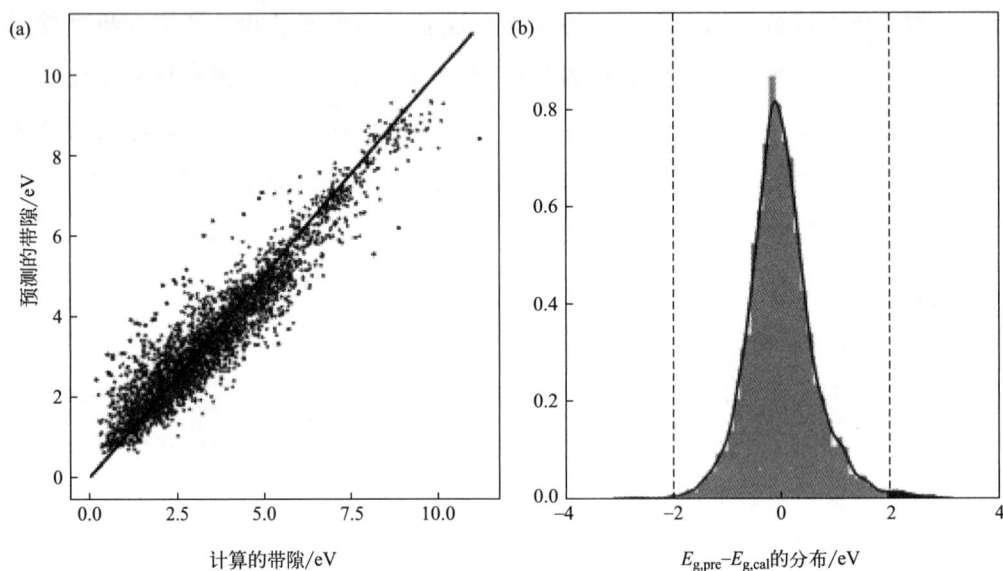

图 6.2   机器学习预测带隙的结果

在这些具有较大预测误差的化合物中，团队发现了具有 Ag^{3+} 和 O^{2-}_2 特殊结构的 AgO_2F。随后，如图 6.3 所示，通过与 $KAgO_2$（"正常"结构）的电子结构对比，他们发现 AgO_2F 中不寻常的氧化态（O^{2-}_2）使得 O 与 Ag 之间轨道杂化程度很小，带隙附近的能级主要由 O 原子的 2p 轨道贡献，带隙远小于其他含有 Ag^{3+} 的化合物。这一实例证明了可以通过检查机器学习模型中的异常，从大型数据库中快速发现异常结构。

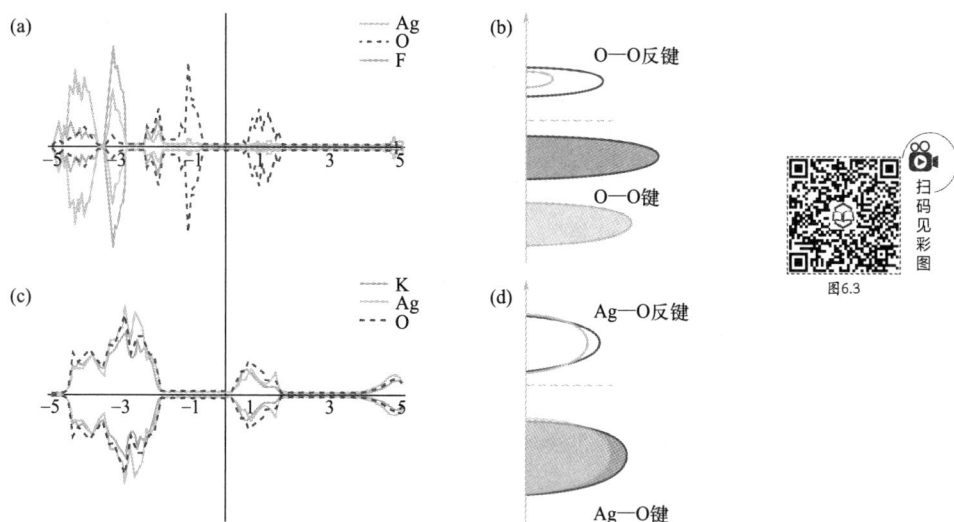

图 6.3　AgO_2F（"异常"结构）与 $KAgO_2$（"正常"结构）的电子结构比较

6.3　人工智能在半导体材料发现领域的应用

美国应用材料公司 2021 年宣布了其在工艺控制方面的重大创新，基于大数据和人工智能技术，该项创新助力半导体制造商在技术节点的全生命周期内加速节点进步、加快盈利时间并创造更多利润。

随着线宽的不断缩小，曾经无害的微小颗粒变成影响良率的缺陷，使得检测与缺陷校正的难度日益增加，而应对此问题的能力就是制胜关键。同样地，3D 晶体管的形成和多重工艺技术也带来了细微变化，导致降低良率的缺陷成倍增加，而解决这些既棘手又耗时的缺陷正是这一技术攻关的核心所在。

应用材料公司凭借工艺控制的"新战略"，将大数据和人工智能技术的优势融入芯片制造技术的核心，以应对这些挑战。该解决方案包括三个组成部分，相较于传统方式，其实时协同工作能够更快速、精准和经济地发现缺陷并将其分类。这三个组成部分如下所示。

（1）新型 Enlight® 光学晶圆检测系统

经过五年的发展，Enlight 系统结合业界领先的检测速度、高分辨率和先进光学技术，每次扫描可收集更多对良率至关重要的数据。Enlight 系统架构提升了光学检测的经济效益，使得捕捉每片晶圆关键缺陷的成本为其他同类的检测方式的 1/3。通过显著的成本优化，Enlight 系统能够给芯片制造商在工艺流程中增加更多检测点。由此产生的大数据可用性增强了"在线监控"，这是一种统计学工艺控制方法，可在良率出现偏差之前对其进行预测，立即检测出偏差，从而停止晶圆加工以确保良率，同时迅速追溯缺陷的根本原因，快速校正并继续进行大规模量产。

（2）ExtractAI™ 技术

由应用材料公司数据科学家开发的 ExtractAI 技术解决了最艰巨的晶圆检测问题，即从高端光学扫描仪产生的数百万个有害信号或"噪声"中，迅速且精确地辨别降低良率的缺陷。ExtractAI 技术是业界独有的解决方案，可将由光学检测系统生成的大数据与可对特定良率信号进行分类的电子束检测系统进行实时连接，从而推断 Enlight 系统解决了所有晶圆图的信号，将降低良率的缺陷与噪声区分开来。ExtractAI 技术十分高效，它能够仅凭借对 0.001% 样品的检测，即可在晶圆缺陷图上描绘所有潜在缺陷的特征。这样可以获得一个可操作的已分类缺陷晶圆图，有效提升半导体节点发展速度、爬坡和良率。人工智能技术在大规模量产期间能够适应和快速识别新的缺陷，随着扫描晶圆数量的增多，其性能和效率也在逐步提升。

（3）SEMVision® 电子束检测系统

SEMVision 系统是世界上最先进和最广泛使用电子束检测技术的设备。基于行业领先的分辨率，SEMVision 系统通过 ExtractAI 技术对 Enlight 系统进行训练，对降低良率的缺陷进行分类，并将之与噪声进行区分。Enlight 系统、ExtractAI 技术和 SEMVision 系统的实时协同工作，能够帮助客户在制造流程中识别新的缺陷，从而提高良率和利润。大量安装使用的 SEMVision G7 系统已实现了和新型 Enlight 系统、ExtractAI 技术的兼容。

应用材料公司工艺控制"新战略"将大数据和人工智能技术引入到了其中，这是芯片制造成功的核心。新的 ExtractAI™ 技术是这一创新的关键，这一业界独有的解决方案，可将由 Enlight® 光学检测系统和 SEMVision® 电子束检测系统产生的大数据进行实时连接，能够自动和灵活地发现降低良率的缺陷并对其进行分类，相较于传统方式，该解决方案更加迅速、高效且节省成本。

采用 ExtractAI 技术的新型 Enlight 系统是应用材料公司有史以来成长最快的检测系统，该款产品已被运用于客户在全球领先的代工厂逻辑节点生产中。20 多年来，SEMVision 系统始终是业界领先的电子束检测设备，已有超过 1500 台设备遍布于全球的客户晶圆厂内。

6.4　人工智能在锂电池材料发现领域的应用

机器学习在锂电池材料研究中的两个主要应用是材料发现和性能预测。通过机器学习方法建立定量的逻辑关系，计算机辅助材料的发现和优化正在成为分析电池材料关键结构与性能关系的有力工具。在此之前，离散傅里叶变换因其预测的准确性，避免了大量重复性实验而备受青睐，但当其应用到大规模体系时，时间成本变大且可转移性较差。目前电池材料计算通常将离散傅里叶变换和机器学习相结合，致力于开发下一代新型电池活性电极和电解质材料。常见的机器学习算法包括逻辑回归算法、支持向量机和神经网络等，其中基于机器学习的研究有助于加速筛选和预测具有目标特性的新电池材料。

（1）正极材料

机器学习广泛应用于可充电电池正极材料性能预测，对于活性电极材料，其备受关注的特性主要是放电容量、容量保持率、体积变化、库仑效率、电压等特性。机器学习可以作为一种工具，通过设置合适的输入变量和输出变量，在各种因素和电池属性之间构建出具有良好关联性的模型，在保证预测精度的情况下识别最佳的特征变量从而预测其性能。

高压正极材料是高能量密度锂电池材料的关键组成部分，其可以提高锂电池材料的电压平台，有的工作电压可达 5.0V。然而研究人员采用实验验证的方法去筛选可靠的正极材料需要耗费大量时间与经济成本。为解决此问题，Lin 等人开发了一种基于卷积神经网络（CGCNN）的机器学习工具来预测电池电压特性，从而筛选出更稳定的高压正极材料。他们从两个具有代表性的材料数据库，即 Materials project 和 AFLOW 中筛选了超过 130000 种无机材料，用这些数据建立了新的数据集，并使用该数据集预测了大约 80 种可能的高电压候选材料，这些材料具备低毒、高密度、高容量等特性。结果表明，结合 Materials project 和机器学习预测，电压的预测混合电位与 10 种已知的电池正极系统的实验测量结果吻合度高，而同时预测出的其他约 70 个尚未报告的候选材料待未来的实验验证。

在锂硫电池研究中，通过 DFT 计算正极主体材料对多硫化物（LiPS）的吸附能力，其吸附位点有很多种可能性，不同的吸附位点也会导致不同的计算结果，该过程成本高且费时。为此，研究人员在一个小数据集的基础上，使用转移学习成功地预测了 Li_2S_6 在基板材料上任意位置的吸附，所得模型具有相当低的平均绝对误差（低于 0.05eV）。所提出的数据驱动方法，精度与 DFT 计算相当，并且显著缩短了筛选 AB_2 型硫宿主物质（AB_2-type sulfur host material）的时间，为基于吸附能力预测的其他高通量计算和材料筛选提供了高精度且快速的解决方案。

（2）电解质

离子电导率是固态电解质（SSE）最重要的评价指标之一，具有超离子电导率和界面稳定性的 SSE 是稳定的全固态锂金属电池的理想材料，预测电池材料特性同样也是机器学习方法的一项重要功能，通过对描述符的选择及对算法的筛选，都能很好地实现对电导率的预测。研究人员使用神经网络势来模拟由 Li、Zr/Hf 和 Cl 组成的材料，使用随机表面行走方法，识别出两种潜在的独特层状卤化物 SSE，使用机器学习预测得到了具有高锂离子导电性和与锂金属负极有出色相容性的卤化物固体电解质，并创下了 4000h 的稳定锂电镀/剥离的性能记录。

目前所有的研究都将离子迁移率（迁移能量或电导率）作为目标属性，但 SSE 薄膜的机械性能对电池性能也有很大的影响。以前 SSE 薄膜的制作主要是对电导率进行评估，人为地控制而无法做到统一考虑。使用实验数据训练机器学习方法是预测 SSE 离子传输性能的一种有效方法。大量重复实验过程中产生的看似无用的数据，实际上为机器学习提供了精准可靠的数据。研究人员借助了机器学习手段，通过在实验中获取的数据得到数据集，然后借助主成分分析（PCA）、K 均值聚类和支持向量机三种机器学习算法以探索性能和实验变量之间的关系，最后制作出厚度为 $40\mu m$ 的 SSE 薄膜，并成功循环 100 次。

对于液态电解质，其基本原理与固态电解质相比大不相同，独特的高度无序特性使得机器学习在液态电解质方面的应用不如固态电解质方便。所以在液态电解质领域中机器学习应用的例子相较于固态电解质少，但也不能忽略机器学习在液态电解质研

究中所发挥的重要作用。使用机器学习方法将未知电解质成分的傅里叶变换红外
（FTIR）光谱特征与具有已知成分的 FTIR 光谱数据库的相同特征进行匹配，这种新
方法可以快速、廉价且准确地确定锂离子电池电解质中主要成分的浓度，为目前液体
电解质的模拟和实验研究提供了更多的解决方案。

（3）加速材料模拟

机器学习不仅在分析大型数据集和为材料或方法的合理设计建立有效的因果关系
方面具有巨大的优势，而且在促进分子模拟建模发展方面也体现出巨大的潜力。研究
人员采用机器学习方法构建了更灵活的分子力场，能够以从头算量子力学的精度对具
有多达几十个原子的柔性分子进行 MD 模拟。同样地，研究人员开发了一个自动化的
框架，使用机器学习算法通过高级采样和拟合力场的形式，允许用户创建自己的模型，
对反应性电荷转移的处理以及基于机器学习的势能面（PES）模型的交叉验证和迭代
进行了改进。

分子系统的特性和功能的预测模拟需要准确描述全局的 PES，但是 PES 通常缺乏
可迁移性，只能在相适应的条件下进行描述，因此如何用低成本的方法预测准确 PES
是一项挑战。研究人员介绍了可以准确描述元素材料和小分子的全局 PES 的机器学习
方法，产生了一个独特的解决方案，使得简单的机器学习模型能够为小分子重现准确
的 PES，显著加快了 PES 的评估。同时机器学习可以有效地分析 MD 模拟的数据结
果，非监督学习对于这些未做任何标记的杂乱数据可以完成初步的聚类或降维分析以
方便研究人员理解。

（4）高通量计算

虽然大数据减弱了研究人员获取数据的难度，但是在实验室规模的材料设计领域，
由于计算/实验成本较高，研究数据集的获取变得异常困难。另外，计算模拟获得的数
据也由于无法完全模拟实验条件从而缺少了重要的特征参数，收集需要的数据集不仅
耗时长且效率低，最后预测得到的变量关联性结果仍需要大量实验去验证。所以如何
基于机器学习开展高通量实验（HTE）领域，通过实验设计工具和自动化实验平台，
加速材料设计成为了材料科学领域未来的新方向。

机器学习与 HTE 具有高度的相似性，都是通过大量的数据分析提取有价值的信
息，HTE 包括多个方面，例如具有代表性的智能设计和实验选择，在大量具有不同参
数和条件的样本中进行搜索和优化，以加速整个搜索过程。而材料科学中机器学习与
高通量计算的有效结合，包括高容量信息的处理和可行的大规模重复方式进行的自动

化实验，允许在不牺牲结果质量的情况下更快地进行实验，借助机器学习进行数据收集和处理。研究人员构建了一个名为 Otto 的系统，以实现液态水电池电解质的 HTE 自动化配方和在线表征。与传统的低通量实验相比，该系统可以在 40h 内配制 140 种电解质。之后机器学习方法对采集的数据集进行自动评估，实现逆向材料设计。发现了最佳电解质是一种新型双阴离子钠电解质，其电化学稳定性窗口比基线钠电解质更宽。

6.5 人工智能在氢能发现领域的应用

（1）人工神经网络

人工神经网络（artificial neural network，ANN）是一种模仿生物神经网络的结构和功能的数学模型或计算模型，用于对函数进行估计或近似。神经网络由大量的人工神经元联结进行计算，能在外界信息的基础上改变内部结构，是一种自适应系统。其中，多层感知器（multilayer perceptron，MLP）是一种前馈的人工神经网络，映射一组输入向量到一组输出向量。MLP 可以被看作是一个有向图，由多个节点层所组成，每一层都全连接到下一层。除了输入节点，每个节点都是一个带有非线性激活函数的神经元（或称处理单元）。径向基函数网络（radial basis function network，RBF 网络）是一种使用径向基函数作为激活函数的人工神经网络。径向基函数网络的输出是输入的径向基函数和神经元参数的线性组合。相比与 MLP，RBF 模型的结构更简单，并能提供更有效的学习和建模功能。

2014 年，研究人员在生物发酵制氢的过程中，从间歇式反应器收集了 60 个数据集。通过向人工神经网络输入反应温度、初始介质 pH 和初始底物，得到产氢量。其他研究人员也做了类似的研究，通过输入生物发酵制氢时的糖蜜浓度、pH、温度和接种物浓度对产氢量进行建模。2016 年，研究人员对废料热解制氢的过程进行建模，通过 MLP 网络，输入催化剂数量、类型、生物量多样性和温度，得到富氢气体产量。同时，研究人员通过 RBF 和 MLP 研究甲烷重整制氢过程中，甲烷、二氧化碳的转化率及氢气、一氧化碳的产量与进料比、反应温度和金属负载之间的关系。2017 年，研究人员在研究厌氧污泥毯（UASB）生物反应器时，通过固定单元容积（ICV）、水力停留时间（HRT）和过程温度作为输入变量开发 ANN 和 RSM 模型，预测氢气产量和化学需氧量去除效率。

（2）ANFIS 和其他模糊方法

自适应神经模糊系统（adaptive network-based fuzzy inference system，ANFIS）将模糊逻辑和神经元网络有机结合的新型的模糊推理系统结构，采用反向传播算法和最小二乘法的混合算法调整前提参数和结论参数，并能自动产生 If-Then 规则。模糊推理系统非常适于表示模糊的经验和知识，但缺乏有效的学习机制；神经网络虽然具有自学习功能，却又不能很好地表达人脑的推理功能。通过将两者结合，ANFIS 有效地做到了扬长避短。

2016 年，研究人员在研究光生物反应器制氢时，先用 ANFIS 开发了目标函数，然后用非支配排序遗传算法（NSGA），通过输入培养搅拌速度和合成气流速，输出最低分界能和能量转换效率。2017 年，研究人员对燃料重整过程的非催化过滤燃烧过程中，进气速度和当量比与氢气产率的关系进行了研究。在第一阶段，采用 ANFIS 方法预测丁醇和喷气燃料的氢产率和转化效率，并从生产效率和能源效率的角度出发，开发了 ICA 方法以优化上述工艺。

（3）遗传算法及相关算法

遗传算法（genetic algorithm，GA）是计算数学中用于解决最优化的搜索算法，是进化算法的一种。进化算法最初是借鉴了进化生物学中的一些现象而发展起来的，这些现象包括遗传、突变、自然选择以及杂交等等。对于一个最优化问题，首先组成一组候选解，然后依据某些适应性条件测算这些候选解的适应度，再根据适应度保留某些候选解，放弃其他候选解，最后对保留的候选解进行某些操作，生成新的候选解，从而完成一次迭代。达到一定迭代次数后，算法停止并利用最终模型进行预测。

遗传算法经常与人工神经网络结合使用。例如，研究人员研究生物制氢的过程中，应用 ANN 和 GA，通过输入 OLR、HRT 和 IBA，预测氢气的产生速率和产率、沼气中的氢气浓度以及反应器流出物中各组分的浓度。此外，研究人员针对生物制氢过程，以初始 pH、温度和葡萄糖浓度为输入变量，以产氢量为目标值，开发了基于神经网络的 GA 和 RSM。

6.6　大数据技术在石油发现领域的应用

目前，我国石油企业将更多的新技术应用于战略决策、科技研发、生产经营和安全环保等各个领域，目的是从大数据资源中挖掘更多的财富和价值。随着石油储备的逐步减少，石油石化行业产业链中的勘探、开发难度日益增大，信息化的成熟度已经成为影响行业增长幅度的首要因素。

在石油勘探中，传统勘探方法是地球物理方法。地球物理方法是使用现代物理方法进行地质勘探的方法，包括电法、磁法、重力法、放射性法、地震波法等，其中以地震波法最为重要。为了了解和模拟出地下数千米的地质构造，通过地震波反射方式来收集海量数据，一般二维数据可达 1～2TB，三维数据可高达几百 TB 甚至 PB级，然后进行大量的密集计算和模拟，计算结果出来后还要转换成直观的可视画面，方便专家对数据进行解释，为油气钻井定位提供参考。因此，这些海量数据的处理只有借助高性能计算才能实现高效的勘探效益。

由于石油勘探行业的特殊性和复杂性，石油勘探对高性能计算提出了非常苛刻的要求。过去十年中，石油勘探计算处理多采用大型机或高性能计算机，但目前高性能计算机系统在计算性能、系统建设与运行成本等方面已经面临着许多问题。让石油勘探企业感到颇为头痛的问题主要集中在三大方面：一是计算能力需求和 CPU处理器性能落差越来越大，目前通过不断提高 CPU 处理器的工作频率来提高计算性能的技术路线已经逐步走向其极限；二是石油勘探高速增长的数据和存储扩容越来越不匹配；三是能耗制约越来越严重，高性能计算机的体积大、耗电多等弱点以及对庞大计算机房的空间需求、空调需求和用电量等已经成为石油勘探数据处理的一大挑战。

石油勘探过程产生的大数据有自己独特的"4V"特征：

① 数据海量：以 BGP（中国石油集团东方地球物理勘探有限责任公司）为例，公司每天会产生大于 7TB 的生产数据，在地震资料处理过程中还会产生大量的中间过程数据。

② 数据来源单一：地震资料数据是由人工模拟地震波激发，由定点采集仪器接收和采集到的，数据来源和数据格式都比较单一。

③ 计算量大：以 BGP 为例，54TB 的原始数据通过 4000 个 CPU 的计算集群处理，需要 50 多天时间。

④ 处理流程复杂：地震资料处理过程涉及频繁的数据输入输出和数据库处理，操作复杂。

地震数据的快速增长对于存储提出了巨大需求，也对传统的高性能计算软硬件架构提出了新的挑战。针对石油行业的特点和需求，华为技术有限公司（简称华为）提出了石油勘探高性能计算解决方案，主要包括：

① 计算集群系统：计算节点和胖节点采用华为刀片服务器，它提供强大的计算能力，特别是浮点计算能力，以完成地震资料处理中巨大的计算任务。

② 存储系统：存储部分采用华为 OceanStor 9000 大数据存储系统（简称 OceanStor 9000），它采用全对称分布式架构，每个节点都可以提供 IO 和存储单元，提供业务访问、数据处理和存储的能力，因此可以轻松完成节点扩容，实现系统性能和容量的线性扩展。此外，OceanStor 9000 还具备高可靠性和硬件容错能力，保障作业正常运行。它还能提供灵活的组网方式，前后端网络均支持 Infiniband 网络或者 10GE 以太网高速互联，能有效满足石油勘探 HPC 场景的高带宽、低时延需求。

③ 网络互联：采用计算网络、存储网络和管理网络分离的方式。计算网络采用万兆以太网，承担并行计算时的数据通信。管理网络采用千兆以太网，用于 HPC 集群系统的管理和监控。存储网络采用 10GE 以太网或 40GE 的 Infiniband 网络，为主机访问数据文件提供高速的网络互联。

6.7　大数据技术在水电领域的应用

除了做到更精准的预测，检测和采集水电机的运转数据、运营数据有利于水电机制造商更好地改善水电机的性能，水电行业在追求水电站效益最大化时也离不开大数据。

水电行业的数据处理主要涉及基于云计算的大数据实验分析平台构建技术、海量数据存储与处理技术、大数据集成技术、大数据分析模型研究以及大数据在智能水电站系统的应用研究等。如图 6.4 所示，平台架构提供了 IaaS、PaaS 和 SaaS 层的服务，IaaS 层的基础设施是指水电站的计算机设备、网络设施、数据库、传感器等物理设备的集合，提供虚拟机和物理机的按需分配。

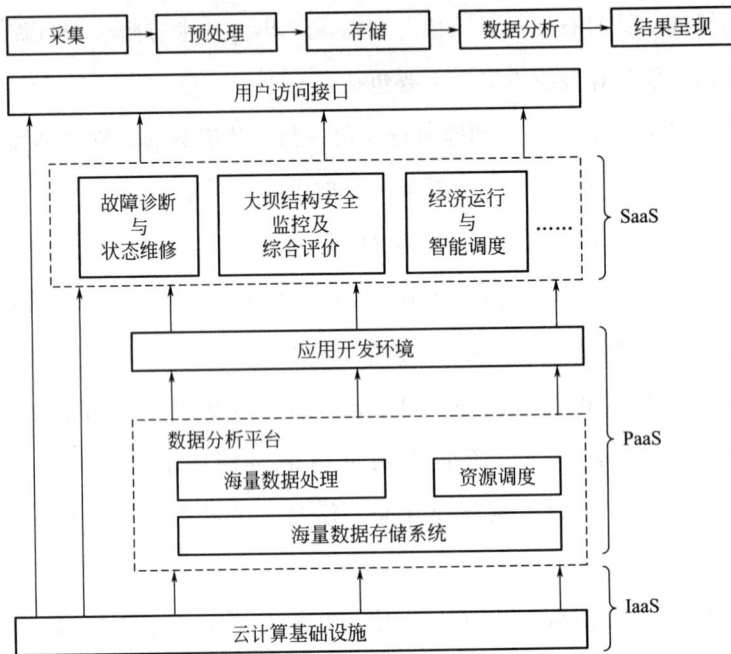

图 6.4　水电站数据处理过程及架构

基于大数据和深度学习模型的智能水电站数据分析分为数据收集与预处理、深度学习网络构建、分类器训练、分类与预测等步骤，如图 6.5 所示。

因此，大数据时代是信息社会运作的必然结果，而借由它，人类的信息社会更上一个台阶。农业社会人们以土地为核心资源，工业时代转为能源，信息社会则将变更为数据。谁掌握数据，以及数据分析方法，谁就将在这个大数据时代胜出，无论是商业组织，还是国家文明。可见大数据是"王者之剑"。

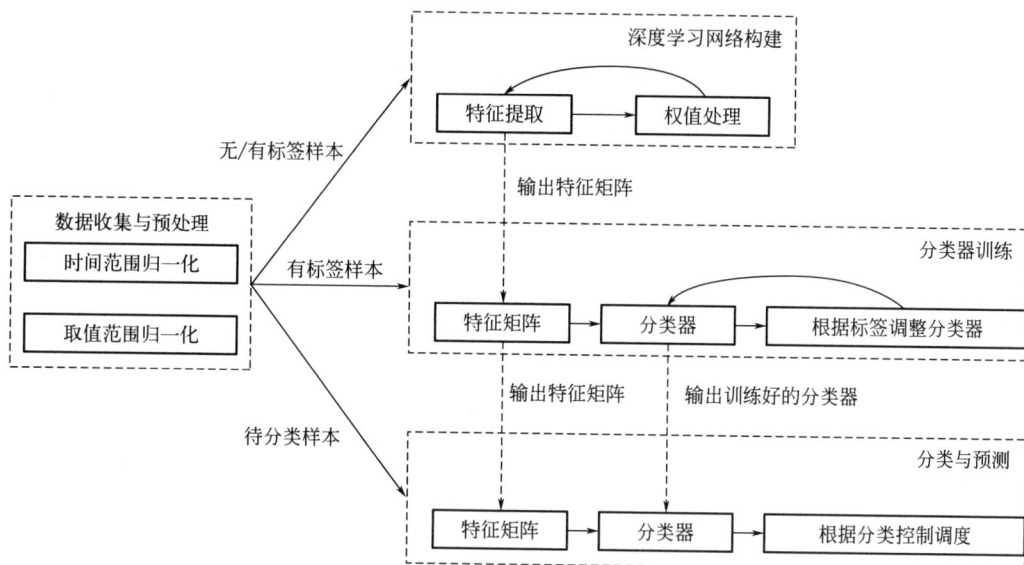

图 6.5　基于大数据和深度学习模型的智能水电站数据分析过程

本章小结

新能源行业是未来发展的新兴行业也是主力行业，而新能源行业的发展，会带来大量的数据。为了能够促使新能源更好地发展，提高效能，则需要将这些数据进行转化，提高生产率，从而变相地削减成本。目前众多的企业都将目光放到了人工智能和大数据技术上，并且将衍生出多种运用人工智能和大数据技术的产品，提高人们生活的便利性。

目前新能源企业结合人工智能技术实现了对新能源项目的监测，比如，风光能源的实时数据预测、新能源智能设备生命周期数据、新能源智能设备功率监测数据等。将各类的传感数据进行收集，利用人工智能技术对其进行深入的数据分析和挖掘，制定出各种智能系统的运维计算指标，充分发掘新能源的再使用特征。将人工智能技术结合新能源的发展目标和发展需求，从数据的算式编辑推算出精准化发展的新能源企业效益和效率之间的问题。

通过本章学习，学生应了解大数据和人工智能技术在新能源材料发现过程中的应用。

❓ 思考题

（1）大数据和人工智能技术在预测能源需求和故障预警方面有哪些成功案例？

（2）大数据和人工智能技术在能源领域应用时面临的主要挑战和解决方案是什么？

第 7 章

新能源材料发现的挑战与展望

了解新能源材料发现领域的挑战和未来发展前景。

7.1 新能源材料发现的挑战

目前，在新能源材料发现领域存在诸多挑战。例如数据获取和处理困难，设计和优化效率低下，测试和验证方法单一，产业化和商业化不完善等。

7.1.1 数据获取和处理困难

新能源材料的研究需要广泛地依赖于实验和模拟数据。这些数据不仅数量庞大，而且往往来自不同的实验室、研究机构和数据平台，缺乏统一的数据标准和格式，这就给数据共享和交互带来了很大的困难。同时，由于新能源材料的复杂性和多样性，传统的数据分析方法往往无法适应其高维度、非线性和多尺度的特点，因此需要借助人工智能等先进技术来提高数据处理的效率和精度。

利用人工智能和大数据技术可以实现对材料结构、性能、稳定性等多方面因素的快速筛选和优化，从而加速新能源材料的发现和设计。例如，通过对材料的原子结构、电子结构、光学性质等进行计算和模拟，研究人员可以预测材料的性能并优化其设计。同时，利用大数据技术和机器学习算法，可以对实验数据进行分析和挖掘，从而发现新能源材料。

然而，如何利用人工智能技术对这些数据进行分析和挖掘，仍然是一个重要的挑战。一般来说，首先需要开发出更加高效和准确的算法和模型，以处理和分析大规模的数据。其次，需要利用人工智能技术对数据进行深度挖掘和知识发现，以发现新的规律和现象。最后，需要将所得的结果反馈到新能源材料的设计和优化中，以实现材料的不断优化和改进。

7.1.2 设计和优化效率低下

新能源材料的设计和优化是一个涉及多个学科、多个层次、多个参数的复杂过程，需要综合考虑材料与环境、设备、系统等之间的相互作用和影响。这个过程需要涉及材料科学、物理学、化学等多个学科的知识，同时也需要考虑到生产工艺、制造成本、环保等多个方面的因素。

在传统的材料设计和优化中，研究人员通常需要进行大量的实验和测试工作，以了解材料的性能和行为，从而进行设计和优化。然而，这种方法通常需要耗费大量的人力和物力，并且效率低下。因此，如何利用新的技术和方法来辅助材料的设计和优化，是一个重要的挑战。

大数据和人工智能技术的快速发展，为新能源材料的设计和优化提供了新的机遇。通过收集和分析大量的实验数据，研究人员可以更深入地了解材料的性能和行为，从而更好地优化材料的制备和加工过程。同时，人工智能技术也可以帮助研究人员开发出更加智能、高效的测试方法和技术，减少人工操作和误差，提高测试的准确性和效率。

在大数据和人工智能的背景下，利用这些技术来辅助材料的设计和优化需要考虑多个方面的因素。首先，需要建立完善的数据库和信息系统，以收集和管理大量的实验数据和信息。其次，需要利用人工智能技术来对数据进行分析和处理，以提取有用的信息和知识。最后，需要将所得的结果反馈到材料的设计和优化中，以实现材料的不断优化和改进。

虽然大数据和人工智能的引入可以大大提高材料设计和优化的效率和准确性，但是仍然存在一些非常困难的问题难以处理。例如，如何确定材料的结构与性能之间的关系，如何预测材料在极端条件下的性能和稳定性等，这些问题需要更加深入的研究和探索。此外，由于新能源材料的多样性和复杂性，建立通用的设计方法和标准也是一项具有挑战性的任务。因此，需要继续开展大量的研究工作，以推动新能源材料的设计和优化技术的发展。

7.1.3　测试和验证方法单一

新能源材料的测试和验证是新能源产业中一个极为重要的环节。由于新能源材料通常具有特殊的物理、化学性质和复杂的制造过程，传统的测试方法可能无法充分评估其性能和质量。因此，开发新的测试方法和技术以提高测试的准确性和效率，是当前新能源材料领域面临的重要挑战。

为了满足新能源材料的测试需求，研究人员正在致力于开发新的测试方法和设备。这些新的测试方法和技术通常基于先进的物理、化学原理和新型的仪器设备，能够更准确地评估新能源材料的性能和质量。例如，X 射线衍射、扫描电子显微镜、原子力显微镜等现代分析仪器已经被广泛应用于新能源材料的结构和性能分析。

此外，随着大数据和人工智能技术的快速发展，这些技术也被引入到新能源材料的测试和验证中。通过收集和分析大量的实验数据，研究人员可以更深入地理解新能源材料的性能和行为，从而更好地优化材料的制备和加工过程。同时，人工智能技术也可以帮助研究人员开发出更加智能、高效的测试方法和技术，减少人工操作和误差，提高测试的准确性和效率。

尽管大数据和人工智能的引入可以大大减少测试和验证的工作量，但是仍然存在一些非常困难的问题难以处理。例如，有些新能源材料在极端条件下的性能和稳定性需要更加深入的评估和研究。

7.1.4　产业化和商业化不完善

新能源材料的发现不仅仅是科学研究的成果，还需要将其转化为实际应用和商业化的产品。然而，由于新能源材料的特殊性和复杂性，其产业化和商业化过程面临着一系列的挑战，包括技术转移、市场需求和政策支持等方面。

技术转移是产业化和商业化过程中的一个重要环节。从实验室到生产线，新能源材料需要经历一系列的研发和试验过程，其中涉及大量的技术转移工作。如何将实验室中的科研成果有效地转化为生产线上的产品，需要科研机构和企业之间的紧密合作。同时，技术转移还需要考虑到知识产权的问题，确保双方的利益得到保障。

市场需求是新能源材料产业化和商业化过程中必须考虑的因素。尽管新能源材料具有环保、高效等优势，但消费者对它们的认知度和接受度往往需要一个逐渐提高的过程。因此，如何开拓市场，提高消费者对新能源材料的认知度和接受度，是产业化和商业化过程中必须解决的问题。

政策支持也是新能源材料产业化和商业化过程中不可或缺的因素。由于新能源材料产业具有高投入、高风险、高回报的特点，需要政府提供一定的政策支持，以鼓励企业进行研发和生产。例如，政府可以提供税收优惠、补贴等政策，以降低企业的成本，提高企业的积极性。新能源材料的产业化和商业化是一个复杂而艰巨的过程，需要科研机构、企业和社会各方面的共同努力。

从新材料领域的发展现状来看，近年来我国在自主研发方面取得了显著进展，成功研制出一大批高端、关键材料，其生产与应用技术已达到或逐步接近国际先进水平，如在锂电池材料、5G 通信材料等方面。然而，不可否认的是，在一些先进高端材料的研发与生产领域，我国与国际先进水平之间仍存在差距，关键高端材料尚未实现完全自主供给，"大而不强、大而不优"的问题在一定程度上依旧存在。

以稀土功能材料为例，我国是稀土原料生产大国和功能材料生产大国。在稀土永磁材料领域，我国不仅在烧结永磁材料方面有优势，而且在稀土永磁电机等高端产品应用上也不断取得突破，打破垄断进入国际主流市场。同时，在稀土催化材料等其他领域，近年来也有一定进展。然而，在稀土抛光材料方面，我国产品在粒度分布、硬度、悬浮性等一些指标上与国外产品仍存在差距，高端抛光粉仍需依赖进口。目前，日本和美国在稀土陶瓷材料领域处于领先地位，分别占据了全球 50％和 30％的市场份额。

在碳纤维及其复合材料领域，国产碳纤维及其复合材料曾存在类别、品种及规格相对单一，高端产品产业化薄弱等问题。但近年来，我国以吉林化纤、中复神鹰、宝旌等为代表的国内碳纤维龙头企业正逐步打破国外技术垄断，产能规模不断扩张，部分企业产品性能与国际龙头比肩。此外，国内对国产关键装备的研发投入也在不断增加。

在生物医用材料领域，受到国家政策支持、人口老龄化、人均可支配收入提升和行业技术创新等因素的驱动，我国生物医用材料持续保持高速发展，在基础研究方面已达国际水平。虽然技术含量较高的植入性生物医用材料曾较为薄弱，主要依赖进口，但随着国家相关机构加大研发力度，建立多个重点实验室，国内企业有望在未来实现某些领域的进口替代，逐渐抢占高端市场份额。

此外，在高温合金、高端装备用钢、聚酰亚胺等结构材料、光学石英玻璃、防护纤维材料、集成电路制造关键材料、有机半导体发光显示等功能材料领域，西方国家在技术和产品上曾拥有一定优势，我国也在不断加大研发投入，努力追赶，在部分领域已经取得了一定的突破。例如，在集成电路制造关键材料方面，我国企业在光刻胶、电子特气等领域已实现部分国产化。

7.2　未来发展展望

随着全球碳中和目标的推进和能源转型的深化，材料科学将聚焦于更高能量密度、更低成本和更环保的技术路径。固态电池、钠离子电池、钙钛矿太阳能电池等前沿新能源材料有望突破现有性能瓶颈，实现能量密度与安全性的双重提升。同时，人工智能、大数据等技术与材料科学的结合将大幅缩短新能源材料研发周期，推动"按需设计"的新材料开发模式。在政策与市场的双重驱动下，新能源材料将在电动汽车、大规模储能和分布式能源等领域实现规模化应用，并逐步渗透至航空、船舶等高端领域。新能源材料将不仅成为能源革命的基石，更将引领人类社会向低碳、高效、公平的未来能源体系迈进。下面分别从算法升级和基础设施建设两个方面进行展望。

7.2.1　算法升级

机器学习是数据分析（统计方法），所需数据追求数量、全面、客观。以前的研究受到计算属性的限制，不够准确。由更准确的实验结果组成的数据集将会产生很大的影响。然而，由于研究热点过于集中，目前的实验样本并不全面。幸运的是，一些模型适合处理小型数据集，例如自动编码器、生成对抗网络、主动学习和迁移学习。此外，机器学习模型需要转化为实际知识或物理图片，以避免"黑匣子"特征。计算对描述符做出反应的神经元的平均值可以提供一定的解释。或者可以应用更具解释性的模型，例如决策树，可以通过树的节点和分支的权重来反映相关因素的影响。

7.2.2　基础设施建设

机器学习模型的有效训练通常需要丰富的数据。这些数据可能来自在线数据库、已发表的论文或高通量实验设备。在线数据库是深度学习应用的趋势，例如ImageNet。Hatakeyama-Sato 等人建立了数据库来积累电解质的信息，包括离子电导率、迁移数和化学稳定性。发表的文章还包含大量材料数据。一旦这些论文按照标准化的文章格式排列，研究人员就可以通过自然语言处理技术轻松地搜索到想要的信息。更多的传感器和软件可以集成到高通量合成或表征设备中。这些设备收集的结果直接反馈给 AI 模型，用于实验参数的优化。然后，通过调整参数可以获得具有理想性能的样品。通过这些努力，最终将绘制出"成分-结构-性能-加工应用"之间的关系。人工智能不会完全取代人类的材料研究工作，但将成为加速材料发现进展的有力工具。材料研究者都需要掌握这个工具，以减少试错次数，解决更多领域更困难的材料问题，找到更多支配生活的自然的规则。

🎯 本章小结

新能源材料作为推动全球能源转型和可持续发展的关键，其研发与应用面临多重挑战，同时也展现出巨大的发展潜力。未来，通过技术创新、资源优化、绿色制造和政策支持等途径，新能源材料有望实现突破性发展，推动全球能源体系向清洁、高效、可持续方向转型，为人类社会的可持续发展贡献力量。

通过本章学习，学生应了解新能源材料发现的挑战以及未来发展的前景。

❓ 思考题

(1) 在新能源材料的研究和开发过程中，面临哪些主要的科学和技术挑战？

(2) 这些挑战如何影响新能源材料的性能、成本和应用前景？

(3) 大数据和人工智能技术在新能源材料发现中有哪些潜在的应用？

(4) 如何利用大数据和人工智能技术提高新能源材料发现的速度和准确性？

(5) 随着科技的进步和需求的变化，新能源材料将呈现哪些发展趋势？

(6) 在未来，新能源材料将在哪些领域发挥重要作用？

(7) 在新能源材料的研究和开发中，如何促进不同学科之间的合作与创新？

(8) 构建跨学科合作与创新机制需要哪些关键要素和保障措施？

参考文献

[1]El-Shafie A. Neural network nonlinear modelling for hydrogen production using anaerobic fermentation[J]. Neural Computing and Applications,2014,24:539-547.

[2]Whiteman J K,Gueguim Kana E B. Comparative assessment of the artificial neural network and response surface modelling efficiencies for biohydrogen production on sugar cane molasses[J]. BioEnergy Research,2014,7:295-305.

[3]Karaci A,Caglar A,Aydinli B,et al. The pyrolysis process verification of hydrogen rich gas (H-rG) production by artificial neural network (ANN)[J]. International Journal of Hydrogen Energy,2016, 41(8):4570-4578.

[4]Hossain M A,Ayodele B V,Cheng C K,et al. Artificial neural network modelling of hydrogen-rich syngas production from methane dry reforming over novel $Ni/CaFe_2O_4$ catalysts[J]. International Journal of Hydrogen Energy,2016,41(26):11119-11130.

[5]Jha P,Kana E B G,Schmidt S. Can artificial neural network and response surface methodology reliably predict hydrogen production and COD removal in an UASB bioreactor? [J]. International Journal of Hydrogen Energy,2017,42(30):18875-18883.

[6]Aghbashlo M, Hosseinpour S, Tabatabaei M, et al. On the exergetic optimization of continuous photobiological hydrogen production using hybrid ANFIS-NSGA-II (adaptive neuro-fuzzy inference system-non-dominated sorting genetic algorithm-II)[J]. Energy,2016,96:507-520.

[7]Shabanian S R,Edrisi S,Khoram F V. Prediction and optimization of hydrogen yield and energy conversion efficiency in a non-catalytic filtration combustion reactor for jet A and butanol fuels[J]. Korean Journal of Chemical Engineering,2017,34:2188-2197.

[8]Mu Y,Yu H Q. Simulation of biological hydrogen production in a UASB reactor using neural network and genetic algorithm [J]. International Journal of Hydrogen Energy, 2007, 32 (15): 3308-3314.

[9]Wang J,Wan W. Optimization of fermentative hydrogen production process using genetic algorithm based on neural network and response surface methodology[J]. International Journal of Hydrogen Energy,2009,34(1):255-261.

[10]Liu Y,Zhang X,Wang J. A critical review of various adsorbents for selective removal of nitrate from water:Structure,performance,and mechanism[J]. Chemosphere,2022,291:132728.

[11]Belagoune S,Bali N,Bakdi A,et al. Deep learning through LSTM classification and regression for transmission line fault detection,diagnosis,and location in large-scale multi-machine power systems

[J]. Measurement,2021,177:109330.

[12]Ferrero Bermejo J,Gómez Fernández J F,Olivencia Polo F,et al. A review of the use of artificial neural network models for energy and reliability prediction. A study of the solar PV,hydraulic and wind energy sources[J]. Applied Sciences,2019,9(9):1844.

[13]Faizollahzadeh Ardabili S,Najafi B,Shamshirband S,et al. Computational intelligence approach for modelling hydrogen production:A review[J]. Engineering Applications of Computational Fluid Mechanics,2018,12(1):438-458.

[14]Pandey A K,Park J,Ko J,et al. Machine learning in fermentative biohydrogen production: advantages,challenges,and applications[J]. Bioresource Technology,2023,370:128502.

[15]Lou T,Yin Y,Wang J. Recent advances in effect of biochar on fermentative hydrogen production: Performance and mechanisms[J]. International Journal of Hydrogen Energy,2024,57:315-327.

[16] Naveed M H,Khan M N A,Mukarram M,et al. Cellulosic biomass fermentation for biofuel production:Review of artificial intelligence approaches[J]. Renewable and Sustainable Energy Reviews,2024,189:113906.

[17]Liao M,Yao Y. Applications of artificial intelligence-based modelling for bioenergy systems:A review[J]. GCB Bioenergy,2021,13(5):774-802.

[18]Asrul M A M,Atan M F,Yun H A H,et al. A review of advanced optimization strategies for fermentative biohydrogen production processes[J]. International Journal of Hydrogen Energy, 2022,47(38):16785-16804.

[19]Entezari A,Aslani A,Zahedi R,et al. Artificial intelligence and machine learning in energy systems: A bibliographic perspective[J]. Energy Strategy Reviews,2023,45:101017.

[20]Aslam S,Herodotou H,Mohsin S M,et al. A survey on deep learning methods for power load and renewable energy forecasting in smart microgrids[J]. Renewable and Sustainable Energy Reviews, 2021,144:110992.

[21]Nishant R,Kennedy M,Corbett J. Artificial intelligence for sustainability:Challenges,opportunities,and a research agenda[J]. International Journal of Information Management,2020,53:102104.

[22]Mosavi A,Salimi M,Faizollahzadeh Ardabili S,et al. State of the art of machine learning models in energy systems,a systematic review[J]. Energies,2019,12(7):1301.

[23]Zheng J,Du J,Wang B,et al. A hybrid framework for forecasting power generation of multiple renewable energy sources[J]. Renewable and Sustainable Energy Reviews,2023,172:113046.

[24]Himeur Y,Elnour M,Fadli F,et al. Next-generation energy systems for sustainable smart cities: Roles of transfer learning[J]. Sustainable Cities and Society,2022,85:104059.

[25]Alabi T M, Aghimien E I, Agbajor F D, et al. A review on the integrated optimization techniques and machine learning approaches for modeling, prediction, and decision making on integrated energy systems[J]. Renewable Energy, 2022, 194: 822-849.

[26]Jie J, Hu Z, Qian G, et al. Discovering unusual structures from exception using big data and machine learning techniques[J]. Science Bulletin, 2019, 64(9): 612-616.

[27]童忠良, 张淑谦, 杨京京. 新能源材料与应用[M]. 北京: 国防工业出版社, 2008.

[28]冯飞, 张蕾. 新能源技术与应用概论. 3版. 北京: 化学工业出版社, 2023.

[29]邱泽刚, 徐龙. 能源化工工艺学[M]. 北京: 化学工业出版社, 2022.

[30]朱继平. 新能源材料技术[M]. 北京: 化学工业出版社, 2015.

[31]MichaelNegnevitsky. 人工智能[M]. 北京: 机械工业出版社, 2012.

[32]朱福喜. 人工智能基础教程[M]. 2版. 北京: 清华大学出版社, 2011.

[33]周苏. 大数据导论: 微课版[M]. 北京: 清华大学出版社, 2022.

[34]杜小勇. 数据科学与大数据技术导论[M]. 北京: 人民邮电出版社, 2021.

[35]张凯. 物联网导论[M]. 北京: 清华大学出版社, 2022.